U0228845

高职高专“十二五”规划教材

服装美学

第二版

刘 蕾 侯家华◎主编

FUZHUANG
M E I X U E

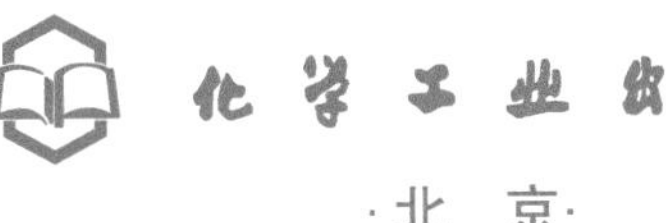

·北 京·

服装美学是服装艺术类课程中最重要的课程之一，它既隶属于普通的美学范畴，又遵循服装艺术与服装审美的特殊规律。本书结合服装专业学习的需要，主要介绍了美学的基本理论、服装设计美学原理、服装美的表现形式、服装美学的美感与心理、服装穿着的美学理念、服装审美体系、服装审美变迁的影响因素、服装艺术创作风格、中国服装美学体系共九个章节的内容。本书不但在理论上进行了详细的论述，而且运用了大量的图片和实例，更加直观地把理论的内容进行了实际表现，便于学生掌握，实用性较强。

本书适合高等院校服装专业学生使用，同时也可作为其他相关专业选修课的参考教材，还可供爱好服装的读者阅读参考。

图书在版编目（CIP）数据

服装美学/刘蕾，侯家华主编. —2版. —北京：化学工业出版社，2015.3（2024.2重印）
ISBN 978-7-122-22839-0

Ⅰ.①服…　Ⅱ.①刘…②侯…　Ⅲ.服装美学-高等职业教育-教材　Ⅳ.①TS941.11

中国版本图书馆CIP数据核字（2015）第014401号

责任编辑：蔡洪伟　陈有华　　装帧设计：史利平
责任校对：李　爽

出版发行：化学工业出版社(北京市东城区青年湖南街13号　邮政编码100011)
印　　装：北京捷迅佳彩印刷有限公司
787mm×1092mm　1/16　印张$9\frac{1}{2}$　字数218千字　2024年2月北京第2版第5次印刷

购书咨询：010-64518888　　售后服务：010-64518899
网　　址：http://www.cip.com.cn
凡购买本书，如有缺损质量问题，本社销售中心负责调换。

定　　价：38.00元

前言

当今社会，随着人们的物质和精神生活水平的不断提高，服装产业的迅速发展，人们对服装的审美需求也日益提升，服装美学的推广和应用已经成为了人们关注的目标。因此研究服装美、研究服装美的表现形态、探索服装美的创造规律成了很重要的一项课题。

本书第一版自2009年出版以来，受到相关院校、业内人士的一致好评，对于从事服装行业的设计人员具有一定的指导作用。《服装美学》是服装专业的一门重要的专业基础课，也是随着服装学科的逐步发展而形成的一门专业理论课。它以理论教授为主，主要讲授美学原理和服装美学方面的知识，使学生在服装设计的基础上，能够有较高的理论水平指导，内容符合高职高专服装设计专业人才培养方案的要求。本书随着服装设计专业教学改革的不断深入，在理论讲述的基础上更注重了实用性，与当前的一些新工艺、新技术、新流行的趋势相结合进行了内容的修订及图片的更新，使内容更加丰富和实用，符合服装设计市场的需求。本书适合高等院校服装专业学生使用，同时也可作为其他专业选修课的参考教材，以及爱好服装的读者使用。

本书由刘蕾、侯家华主编。第一章、第二章、第四章、第七章由刘蕾编写，第三章、第五章、第九章由田金枝编写，第六章、第八章由刘云云编写，侯家华参加了本书部分内容的编写。全书由刘蕾负责统稿。

期望本书能受到广大师生、相关专业人士的欢迎，由于编者水平有限，不足之处在所难免，敬请专家和同行给予指正。

编者

2014年12月

第一版前言

近年来，随着人们的物质和精神生活水平的不断提高，人们的着装观念有了很大的改变，追求时尚，追求美感。服装的面貌日新月异，变化很快。因此研究服装美、研究服装美的表现形态、探索服装美的创造规律成了很重要的一项课题。服装美学是随着服装学科的逐步发展而形成的一门专业理论课。它以理论教授为主，主要讲授美学原理和服装美学方面的知识，使得学生在服装设计的基础上，能够有较高的理论水平指导。

本书主要介绍了服装美学的基本理论、服装设计美学原理、服装美的表现形式、服装的美感与心理、服装穿着的美学理念、服装审美体系、服装审美变迁的影响因素、服装艺术创作、中国服装美学体系共九个章节的内容。本书不但在理论上进行了详细的论述，而且运用了大量图片和实例，更加直观地把理论的内容进行了实际表现。使读者在了解服装美学的学科特征基本理论的过程中，在掌握服装美的基本演变规律的基础上，进一步熟悉服装美的各种基本创作方法，提高对服装的审美感知能力和表现能力。并灵活运用所学的美学知识，提高自己的美学素养，装扮自己的外观形象。本书知识面广，内容全面，理论性强，有一定的广度和深度。运用了大量图片和实例，避免了单纯讲授理论知识使学生学习起来枯燥乏味的弊端，并使高深的理论通过深入浅出的转化，更加直观，以便于学生掌握，实用性较强。本书适合高等院校服装专业学生使用，同时也可作为其他相关专业选修课的参考教材，还可供爱好服装的读者阅读参考。

本书由刘蕾、侯家华主编，具体编写分工为：刘蕾负责统稿，并编写第一、二、四、七章；田金枝编写第三、五、九章；刘云云编写第六、八章。附录由刘蕾、刘云云共同编写。

在本书的编写过程中，得到了主参编院校领导的大力支持，在此深表感谢。

本书由于编写时间有限，内容上可能有欠妥之处，望广大读者批评指正。

编者

2009年5月

目 录

第一章 美学的基本理论 1

第一节 美学的起源 2
一、西方美学的起源和发展 2
二、中国美学的起源和发展 4
第二节 服装美学的含义和性质 5
一、服装美学的含义 5
二、服装美学的性质 7
第三节 服装美学的特点及作用 9
一、服装美的基本特征 10
二、服装美学的教育作用 11
思考与练习 14

第二章 服装设计美学原理 15

第一节 服装设计的价值体现 16
一、服装设计的审美价值 16
二、服装设计的实用价值 17
第二节 服装设计的基础 18
一、设计者的综合修养和创造力 18
二、设计者的美术基本功 19
三、掌握运用信息情报 22
第三节 服装设计的形式美法则 23
一、服装的造型 23
二、服装的色彩 28
三、服装的质感 32
思考与练习 34

第三章 服装美的表现形式 35

第一节 服装表演 36
一、服装表演的历史 36
二、服装表演的形式 38
第二节 服装的流行 39
一、服装流行的含义 39

目　录

二、服装流行的特点　40
三、服装流行的因素　42
第三节　服装品牌　43
一、服装品牌的概念　43
二、服装品牌内容　44
三、服装品牌的销售　46
思考与练习　47

第四章　服装美学的美感与心理　49

第一节　服装心理学基本理论　50
一、服装心理学的研究对象　50
二、服装心理学的意义　50
三、服装行为与社会心理　52
第二节　服装美感与心理　54
一、服装美感心理的性质与特点　54
二、服装美感心理的产生　57
三、服装审美心理学　59
四、服装色彩与心理　61
五、服装的穿着与审美心理　62
思考与练习　63

第五章　服装穿着的美学理念　65

第一节　自我形象塑造　66
一、美学意识　66
二、艺术表现欲及个性的流露　66
三、流行时尚趋势的把握　67
第二节　服装的最佳选择　68
一、审美观念　68
二、个人审美趣味　68
三、完美形象的塑造　71
第三节　服装搭配艺术　72
一、服装搭配艺术　72
二、服装色彩的搭配艺术　77
三、服饰配件　81
思考与练习　82

目 录

第六章 服装审美体系 83

第一节 服装审美的基本理论 84
一、服装审美的含义 84
二、服装审美的特性 85
三、服装审美的感觉和知觉 87
四、服装审美的价值 88
第二节 审美体验 90
一、审美体验的含义 90
二、审美体验的性质和特征 90
三、审美体验的心理基础 91
思考与练习 92

第七章 服装审美变迁的影响因素 93

第一节 思想政治因素 94
一、思想价值因素的影响 94
二、政治因素的影响 95
第二节 社会文化因素 97
一、社会因素的影响 97
二、文化因素的影响 98
第三节 科技经济因素 100
一、科技因素的影响 100
二、经济因素的影响 101
思考与练习 102

第八章 服装艺术创作风格 103

第一节 服装艺术创作的含义 104
一、艺术创作的含义 104
二、艺术风格的成因 106
第二节 服装艺术创作的方法和风格 107
一、服装艺术的古典风格 107
二、服装艺术的梦幻风格 108
三、服装艺术的抽象风格 109
四、服装艺术的职业风格 110
思考与练习 113

目 录

第九章 中国服装美学体系 115

第一节 中国传统服装美学 116
一、中国传统服饰的意涵 116
二、中国传统服饰特点 116
第二节 中国历代的服装美赏析 119
一、先秦时期的服饰 119
二、秦汉时期的服饰 120
三、南北朝时期的服饰 120
四、隋唐五代时期的服饰 121
五、宋朝时期的服饰 121
六、辽金元时期的服饰 122
七、明朝时期的服饰 122
八、清朝时期的服饰 123
思考与练习 125

附录 世界著名服装设计师简介及作品赏析 127

另类设计师——川久保玲 128
时装女皇——香奈儿（Chanel） 129
法国名师——克利斯汀·拉夸（Christian Lacroix） 130
充满摇滚与颓废气质的设计师——安娜·苏（Anna Sui） 131
超级名牌的创造者——路易·威登（Louis Vuitton） 132
时装界的帝王——依芙·圣罗兰（Yves Saint Laurent） 133
设计充满戏剧性及狂野魅力的新秀——亚历山大·麦克奎恩（Alexander MacQueen） 134
纽约第七大道的王子——卡文·克莱（Calvin Klein） 135
具有大众亲和力的品牌设计师——唐娜·卡伦（Donna Karan） 136
在市场与优雅间创造完美平衡——乔治·阿玛尼（Giorgio Armani） 137
平凡中有伟大创意的设计师——约翰·加利亚诺（John Galliano） 138
世界时装界的凯撒大帝——卡尔·拉格菲尔德（Karl Lagerfeld） 139

参考文献 140

第一章 美学的基本理论

- 第一节 美学的起源
- 第二节 服装美学的含义和性质
- 第三节 服装美学的特点及作用

学习目标

1. 了解中西方服装美学的起源和发展。

2. 掌握服装美学的性质以及特点。

第一节　美学的起源

一、西方美学的起源和发展

西方美学思想源于古希腊。其早期多是依附于自然哲学，只是在探究宇宙本原时涉及美的问题。从德谟克利特开始转向人的心灵的研究，中经智者派提出的“人是万物的尺度”，到苏格拉底强调“人认识自己”，哲学关注的中心开始由自然界转向社会，从此改变了自然哲学对人的冷漠态度，随之美学思想也开始转向关注人和社会问题。

柏拉图和亚里士多德是古希腊美学思想的重要代表。柏拉图思想重在对美的哲学思考，他在《大希庇阿斯篇》中提出的“什么是美”的问题，此问题至今仍吸引着人们去探索。亚里士多德重在审美创造的研究，他的《诗学》成为文艺美学的最早经典。古罗马贺拉斯的《诗艺》、朗吉弩斯的《论崇高》，都是沿着亚里士多德开创的文艺美学的道路，对文艺进行美学探讨。而普洛丁作为古代与中世纪交界线上的思想家，对柏拉图的“理念论”作了更加神秘主义的阐发。中世纪的美学家从维护天主教的反动的封建统治目的出发，他们认为上帝是最高的美，是一切感性事物美的最终根源。

文艺复兴时期，人们高扬人道主义精神，否定以神权为中心的封建统治和禁欲主义，追求个性自由、理性至上的生活理想。它在文艺和美学方面表现为要求对古希腊文化进行重新评价，借希腊罗马古典艺术的再生，使艺术从神学的束缚中解放出来，回到世俗社会，使艺术能够充分体现人的尊严、人的价值，能够成为最能发挥人的自由创造才能的领域。在内容上要求艺术不再是描绘神，而是要面对人世描绘现实；在表现手法上要求放弃中世纪的那种象征和比喻的手法，提倡艺术家研究科学的理论并运用于艺术创作中。文艺复兴运动促进了生产力的解放和精神文化的解放，促进了美学由神学向人学的转变，给美学思想的发展带来了巨大的活力和生机。文艺复兴普遍的表现是对科学、文化和艺术的高度重视，重视文学艺术的内在特质和作用，是人们研究艺术、艺术美的最根本的依据（见图1–1、图1–2）。

▲　图1–1　文艺复兴时期的服装

近代欧洲的英国经验主义以法国的启蒙运动为基础，倾向于人性的研究，着重探讨认识世界的主观心理条件，给美学思想的发展以新的推动力。特别是莱布尼兹、沃尔夫对于理性的研究，维柯对于想象的研究，夏夫兹博里、哈奇生、博克、休谟对于感官、情感、观念的研究，为德国启蒙运动时期美学家鲍姆嘉通提出建立美学学科作了思想理论上的准备。美学作为一门独立的学科，是鲍姆嘉通在1750年出版的《美学》专著第一卷中首次提出的，该书命名为《埃斯特惕卡》，鲍姆嘉通因此被称为“美学之父”。

▲　图1-2　20世纪西方服装

鲍姆嘉通认为人类心理活动可以分为知、意、情三个方面，研究认知的有逻辑学，研究意志的有伦理学，研究情感即相当于“混乱的”感性认识却一直没有相应的科学，他要弥补这一漏洞，因此有了《美学》一书。看来这是作为认识论提出的新科学，它也是研究艺术和美的科学，在鲍姆嘉通看来，感性认识的完善就是美的；美学是以美的方式去思维的艺术，是美的艺术的理论。康德《判断力批判》一书于1790年问世，从而建立起一整套唯心主义美学体系。康德哲学的研究对象是主观心理的建构。他认为人的心理功能知、意、情三个部分相对应的人的能力有三种：理解力、判断力和理性。它们相互联系又不可相互替代，有必要分别加以研究。《纯粹理性批判》专门研究认识的功能，《实践理性批判》专门研究意志的功能，《判断力批判》则专门研究情感的功能。这三大批判结合在一起组成了康德的哲学体系。康德从本体论的角度把世界分为物自体和现象世界。现象世界受各种必然规律的支配，是《纯粹理性批判》的研究对象，主要探讨人如何认识自然的种种规律，物自体不受任何必然规律的支配，因而是自由的、信仰的、理应如此的，它是《实践理性批判》的研究对象，主要探讨精神世界的自由意志，即由实践信仰出发的道德行为。康德经过长时间的思考和探索，发现判断力能够把现象和物自体，把自然的必然和道德的自由相互沟通起来。它与情感略带有认识的性质又略带有意志的性质相一致，它略带有悟性（理论理性即认识）的性质，又带有理性（实践理性即伦理）的性质，所以可以作为桥梁使悟性和理性、知和意相互联系起来。这样，知、意、情三足鼎立，康德在完成其主观唯心主义哲学体系的同时，也在美学史上第一个完成了唯心主义的美学体系。康德虽然第一个确立了唯心主义的美学体系，但他主要从微观上研究人的主观审美意识，认为审美只是人的主观判断，审美鉴赏与对象的内容、概念无关，缺乏宏观探索和历史把握。以往的美学家也较多着重以纯理论的方式对美学问题进行微观的研究，很少有人联系人类思想发展的总历史，结合人类文化发展的全过程来进行研究。而黑格尔力图对以往的人类认识历史进行总的考证，给予总的批判和评价。因此在美学上，他也非常重视把美学放在人类思想发展的总进程中来进行宏观的考察，从而开创了结合人类认识史研究美学问题的开端。黑格尔的艺术史知识相当丰富，他善于结合艺术作品进行具体的美学分析。黑格尔对古希腊悲剧有着浓厚的兴趣，他对席勒和歌德也推崇备至，经常在《美学》中引证他们的作品。黑格尔在论述中，较多地从具体的艺术事实和材料着手，经过分析而后再作出自己的结论，这比起他的哲学研究来具有更鲜明的特色。他把自己的巨著《美学》定名为“艺术哲学”，后来被人誉为“艺术的百科全书”。

二、中国美学的起源和发展

在中国，美学学科的建立和真正确立，经过了一个漫长的历史过程。中国美学学科的建立，首先是中国美学思想发展的必然结果。中国美学思想如同西方美学思想一样，源远流长，产生和形成于古代奴隶社会。先秦的美学思想作为奴隶社会最早的美学思想，以儒、道两家影响为最大，主要以美与善的关系展开论争。儒家强调美与善的统一，重视审美与艺术的道德伦理作用，道家则强调美是一种自然无为，摆脱外物奴役，而在精神上获得绝对自由的状态，并不与功利欲念结合在一起。在先秦两汉时期，美学思想一开始便与哲学伦理结合在了一起，或是与艺术理论批评结合在了一起。

魏晋南北朝时期，中国美学思想并没有像欧洲中世纪美学思想那样受到神学的束缚而发展缓慢，反而表现为“美和文艺从统一的奴隶主国家所要求的善的紧身束缚中得到了一定程度的解放，不再只被看做是善的附庸，而显得具有自身独立的价值了”。这时由先秦两汉时期的重善轻美的传统转变为重美轻善，对自然美的追求，以及对审美与艺术特征的考察，成为当时美学思想的中心课题。美学思想与玄学、佛学的探讨相关联，与文艺理论批评相结合。到隋唐中期，中国美学思想又重申美善统一论，重视审美、艺术的教化作用，积极发挥先秦儒家美学思想中有生命力的东西。

晚唐至明朝中期，中国美学思想和佛教特别是禅宗结合起来形成了一种新的美学思想。禅宗追求超脱人世烦恼，达到绝对自由，却又不主张完全脱离世俗生活，不否定个体生命的价值，因而幻想通过个体心灵、直觉、顿悟，去达到一种绝对自由的人生境界。禅宗思想的这种极为神秘的形态，似乎包含着对类似审美和艺术创造心理特征的某种理解，因而被一些文艺理论家所接受，并用以解释审美中的种种现象。明朝中后期在封建社会内部已出现了资本主义萌芽，商品经济急速发展，市民阶层的扩大和活跃，逐渐在意识形态方面出现了要求个性解放的浪漫主义倾向，与此相应，在美学思想上便特别推崇纯真自然之美，力求艺术独创，强调美与实用、狭隘功利的不同，并且依然重视审美心理的考察和探索，但是总因当时中国传统美学思想的顽固保守而没有更大的发展和突破。

19世纪末，资产阶级改良主义运动兴起，戊戌变法前后，一批资产阶级改良主义者开始介绍西方文艺和美学思想，真正作系统介绍的是处于资产阶级改良主义低潮时期的王国维。王国维把对康德、席勒、叔本华的美学思想的介绍同中国传统的文艺和美学研究结合起来，写了一批著作，为建立近代中国美学做了开拓性的工作。但是标志着近代中国美学学科具有独立形态的，却是辛亥革命后蔡元培对美学的重视和对美育的提倡。蔡元培为我国美学学科的建立和发展做出了重要的贡献。马克思主义哲学的诞生，标志着哲学的伟大变革，为美学研究走向科学发展的道路，为美学的科学确立提供了正确的理论基础。马克思主义美学诞生之后，现代西方美学还出现了众多的流派和理论，涌现了一批具有代表性的美学家。

审美心理学的研究，是现代西方美学发展的主流和中心。自从近代实验美学创始人费希纳提出用“自下而上”的实验方式代替传统的“自上而下”的哲学方法之后，许多美学家都从原先注重对美的哲学思考转向注重审美经验和审美心理结构的考察。在此基础上，各种审美心理学的理论便纷纷问世，其中影响较大的有德国立普斯的“移情说”，美国鲁道夫·阿恩海姆的格式塔心理美学，奥地利弗洛伊德的精神分析美学，此外还有信息论心理美学、人本心理美学等。审美心理学试图从审美主体的心理活动的角度，去解开审美活动的奥秘，可以说是一个新的开拓，但就以上诸种心理学美学理论来看，都含有不同程度的缺陷。随着现代自然科学和人文科学的发展，在西方一些国家，美学与心理学、社会学、伦理学、教育学、语文学等学科的关系显得越来越密切，出现了美学与其他一些学科相互渗透和合流的现象。同时，美学也越来越多地吸取自然科学方法的新成就，运用“老三论”（系统论、控制论、信息论）和“新三论”（耗散结构论、协同论、突变论）来分析审美事实和文艺现象。这些，都使西方传统美学的格局出现了显著的突破。

第二节　服装美学的含义和性质

一、服装美学的含义

美学是一门现阶段颇为引人注目的科学,是主要针对美、艺术、审美经验三者,以自然美、社会美、艺术美为研究对象，研究人的各种丰富而复杂的审美意识、审美感受、审美教育的一般规律的多边性人文学科。美学通常也被称做有关美的哲学，是以对美的本质及其意义的研究为主题的学科。美学是哲学的一个分支，研究的主要对象是艺术，但不研究艺术中的具体表现问题，而是研究艺术中的哲学问题，因此被称为“美的艺术的哲学”。美学的基本问题有美的本质、审美意识同审美对象的关系等。

所谓的“美”，不只是具有美之性质的一切事物，也包括美的本身；至于所谓的“艺术”也不只是暗指的艺术品，还包括一切由人工有意识地制造出来的事物。“美学”其宗旨是透过以哲学的研究方法和精神，来发掘“美的本体”、“艺术的本质”，以及“审美的经验”。美的含义可以分成日常生活的美和美学理论中的美。日常生活中美的含义就是好看的、好听的、令人满意的东西，或是美好的事物等。美学理论的美有狭义和广义之分，狭义的美指一种与崇高并列的美学范畴，也称之为优美；广义的美指一切具有审美价值的事物，或一切具有审美价值的事物所共有的本质，相当于美的本质、审美价值和审美对象。

哲学美学又可以分为文艺美学和技术美学。文艺美学包括文学、艺术学两个门类。文学用语言、情节来塑造作品，艺术用线条、色彩、声响、动作来塑造形象，两者共同创造出美学的形式，如优美、壮美的上位概念及丑、滑稽以至于卑劣的下位概念等。实用美学，则是与科学技术相联系的美学，也称为技术美学，它给人类生活带来的是美好的、愉快的、幸福的感受。

在社会生活中，分为“衣、食、住、行”四大类，衣是四大要素之首。在满足了“民以食为天”的基本的生存条件之后，美的生活应该先从服饰入手。服装，研究如何穿戴打扮能更准确地体现出人的美感，通过服装可以了解一个社会的文明程度。服装是现代人精神状况的体现，是美化生活、美化社会的一个组成部分，也是衡量个人生存方式和生活方式的主要尺度。

服装美学是研究审美对象、审美意识的特征、本质、规律，以及揭示审美对象、审美意识发生、发展的历史线索的科学。它是对服装材料、服装设计、服装制作、服装穿着等所体现出的美学问题的思考。它既隶属于普通美学范畴，又具有服装艺术与服装审美的特殊规律。

人类在生活实践和艺术实践中发现并创造了各式各样美的形态，包括自然美、生活美、人体美、朦胧美……甚至还有荒诞美和颓废美等，美的种类分为以下几种。

1. 广阔无限的自然美

（1）自然总是美的

法国大雕塑家罗丹最喜欢的一句箴言就是：“自然总是美的。”中国有许多美的自然景观，如雄伟的泰山、险峻的华山、秀美的庐山、奇巧的雁荡山、滚滚的黄河、浩荡的长江等，都是很美的景观。

自然美，是指自然界中原本就有的而不是通过人工创造的，或没有经过人类直接加工创造的物体的美。自然美是自然事物所具有的能够引起人类精神愉悦和静养的一种属性，自然美是人类最早的表现形式。例如，人类发现了树叶、鲜花、兽皮、兽骨、兽齿、贝壳等自然物的美，并用来装饰自己的躯体，从而产生了服饰的萌芽。

（2）自然的人化

自然美通过自然界的外在形象体现出来，大自然的物质属性是构成自然美的物质基础，有了这些物质基础，才有了满足人们审美要求的客观意义，这就是自然美的社会属性。自然美会对欣赏者的人格形成发挥作用，大自然的美好的景观摄入眼中，蔚蓝的大海、漂浮的小船等，就会产生种种情趣和意境，陶冶人的情操。

（3）自然美的外在形式

凡是美的事物，一般都有突出鲜明的外在形式。如通过形式要素的点、面、线、形、色、质、声、光、动等，以及经过特定的美的组合，如明暗、浓淡、均衡、对称、光影、秩序、宾主、虚实、节奏、旋律等，这些要素及组合，体现了大自然的一种完美和谐，表达出丰富多变的世界中，又有着高度的统一，体现着最高层次的形式美法则。

2. 丰富多彩的生活美

（1）美的生活

生活美又称现实美。它是社会美和自然美的总称，是与艺术美相对的概念。自然美是大自然形态的属性，是美的第一个层次。生活美是人类和人类创造的社会关系的属性，是美的第二个层次。生活美比自然美和艺术美更为广泛，甚至包括了人的形体美、服饰美、心灵美、劳动美及一切社会实践中的美。

（2）服装美与生活

在创造服饰美时，服装设计师需要把握人们对生活美的理解和需求。只有深入社会生活中，了解产品定位对象对生活美的具体追求，才能实现自己塑造生活美的神圣职责，服装的艺术美来源于生活美，但又高于生活，先于生活，作为生活潮流的潮头，服务于生活美，也塑造新的生活美。

（3）创造美的生活

服装设计永远都是一种创造，生活美本身也在于创造，在于不停地开拓与探索。

3. 高于生活的艺术美

艺术美作为美的第三个层次，更加集中地表现和更加鲜明地体现了美的本质特征，生活美（包括自然美和社会美）都是自然形态的美，而艺术美是艺术家对自然和社会生活能动地创造活动的集中概括，是对现实世界的再现；另一方面，它又凝结了艺术家对现实的情感、评估和审美理想，是主观与客观、表现与再现的有机统一。艺术美是艺术作品具备的审美属性，是人类审美的主要对象，是艺术家对生活的审美感情和审美理想。

德国美学大师黑格尔主张“艺术美高于自然美”。他的意思是说，艺术永远都要高于生活，生活永远赶不上艺术。因为艺术是社会生活的反映，社会生活的主动性和丰富性又是艺术所无法比拟的。

服装作为生活美的范畴，其艺术设计应当是上述两种观点的完美结合，时装评论家们也应该注意到服装美的时空性，从宏观上讲，古代欧洲的服饰美，未必符合今日中国的审美标准，法国大师在T型台上获得大奖的作品，未必是中国服装市场的最佳选择，从微观上看，表演台上的服饰美与生活中的穿着美有着不同的概念，从事市场型服装设计的设计师们，大可不必在舞台作品面前自惭形秽。

4. 雾里看花的朦胧含蓄美

（1）朦胧美

朦胧美广泛存在于自然界和艺术作品中，在自然界中，雾里看花，云雾蒸腾，扑朔迷离的湖光山色等，都能体现出朦胧美。

（2）模糊美

艺术作品的“模糊”包含两层意思，一是指作品意境的模糊之美，二是指表现形式的模糊之美。意境的模糊美，是指作品内涵的多意性、不确定性，具有让欣赏者参与联想，并进行再创造的更大余地，形式上的朦胧美，是指在造型形式上运用模糊语言和模糊技法，使作品表面看上去朦胧、隐忍、含糊，与欣赏者拉开更大的感觉距离。

（3）含蓄美

含蓄美，是中国古典美学中一个内涵十分丰富的概念，有含而不露、蓄而无穷之意。艺术中的朦胧美、模糊美、含蓄美是与逼真美、清晰美、实在美相对立的美感形态。

二、服装美学的性质

人类的服装，实际上有两大功能，即实用功能与审美功能。实用功能也就是物质功能，满足人们的生理需要，如服装可以保护身体，可以御寒防暑。审美功能是精神功能，美化自己，美化生活，满足人精神世界的需要。服装美学具有两大特性：一是实用性（适用性、功能性），二是审美性（观赏性、精神性）。服装设计是一种与实用功能保持重要关系的主观的精神活动，以穿着实用性为基础，服装不能是摆设的花瓶、陈设的装饰品。挂在商场的展示橱窗里的模特儿身上的服装，无论服装的色彩和款式多漂亮，都是无法体现服装美的真正意义的（见图1-3）。人们看见的只是衣服的形态，是服装美感的部分的展示，是服装美感的外表的部分。服装只有通过与人体的结合，发挥穿着的使用功能，与人的精神相协调，才是服装美评判的形象，离开了穿着的主体就难以实现服装美。“服装的美”是不能脱离人体而单独存在的，任何具有形式美感的服装，只有和与之相应的人体形式与气质表现相融洽时，服装内涵的形式美才能被引发出来（见图1-4）。服装美学的基本要素是实用和审美的辩证统一，是衡量服装优劣的准则。实用服装，是为实用服务的，装饰是有限的。创意服装是以装饰为主要目的，装饰是第一位的。

▲ 图1-3 橱窗展示

▲ 图1-4 服装穿着形态

服装具有多种功能，具体如下。

① 服装是人类生活的必需品，具有防寒保暖的功能，能有效地阻止人体表面皮肤产生的热量向外散发。

② 服装具有隔热防暑的作用，一些特殊面料的服装有很好的防辐射和隔热功能，随着人们生活水平的提高，对一些环保的、具有防辐射功能的服装的需求越来越多。

③ 服装有调节湿度的作用，人们用一些透气性、吸湿性良好的材料制作服装，能及时调节和保持衣下空气层的湿度，使人感到舒适。

④ 服装具有防风、防雨的作用，穿着防水性能良好的服装，能使人体免受雨水的侵袭，保护身体的健康。服装还能够保护皮肤免受灰尘和泥土沾污，免遭蚊虫叮咬，以及外力伤害。

从哲学意义上讲，实用价值来源于原始生命力在现实生存中的实现和延续。审美价值来源于人类在精神上对未来的追求，是感性力量外在的表现形式。服装的实用功能是服装的适宜性，而服装的审美形式是以感性的方式出现的，实现人自身对最佳生存方式和精神的追求，是人类情感、生命力以及希望的表达和寄托。创意服装的美感体现在人类突破实用功利走向未来的进取性，给实用服装以刺激和新的要求，促进实用服装的发展。两者互补，发展服装设计的创造和构想，是服装造型艺术的特性。服装是为了满足人类的生理需要和心理需要而产生的。传统意义上讲，服装具有防护的功能、装饰的功能、遮羞的功能，服装的功用与服装文化两者相互依存、相互补充，随着人类历史与文化的发展而不断进化、不断丰富，从而造就了灿烂的服饰文明，关于服装的起源与功用，历史学家、社会学家、人类学家、心理学家从不同的视角加以探究，各有不同的诠释，形成了多种见解（见图1-5、图1-6）。

▲　图1-5　创意设计（一）

▲　图1-6　创意设计（二）

第三节　服装美学的特点及作用

审美标准研究的是人对自然现象、社会现象和艺术现象的审美判断的标准。现代美学把美的现象形态大体分为自然美、社会美、艺术美、形式美等。服装美感的类型有和谐、衬托、简洁、点缀、强调、个性及整体。人们对服装的审美意识既反映个人的审美思想，又反映社会的审美标准，二者有时是相互统一的，有时则是相互制约的。人们对服装的审美意识，包含了人们对服装的选择、试穿和评议等活动，从而得出服装美的评判结果。俄国美学家车尔尼雪夫斯基说：“在人身上美极少是无意识的，不关心自己仪表的人是少有的。”

服装的美感是相对的，个人的审美思想与社会的审美意识本身就是相对的。美感作为艺术审美不可缺少的属性，使人通过欣赏和实践得到心灵的快感，引起人的审美感受，使之成为审美对象，才能发生审美的评判关系，让服装具有艺术审美的价值。服装审美所产生的价值，不管是个人穿着还是社会观赏，都是对人的本体精神的表现。人的本体是衡量一切美感价值的最终标准。服装美学的审美价值不仅与每一个人的审美判断力有关，而且还与整个社会文化水准有密切的关系。随着时代的变迁、政治制度的变化，而使审美水准发生了变化，进一步促进了服装艺术的创造。

一、服装美的基本特征

1. 服装美的形象具有感染力

▲ 图1-7　服装形象的感染力

形象是美的载体，离开了形象，美就失去了生命和寄托。服装美的形象离不开线条、色彩、形体等感性形式，只有通过和谐的感性形式及组合，作用于人的感觉器官，事物才可能给人以美的感受。在艺术的创造中，要注重个性的特征，现代服装产品要想在艺术上独树一帜，就要具有独特的风格和形象（见图1-7）。

车尔尼雪夫斯基与黑格尔在美的本质认识上存在根本的分歧，但在“美离不开形象”这一问题上却是一致的。黑格尔认为“美的生命在于显现”，所谓显现就是离不开感性形式。车尔尼雪夫斯基认为“形象在美的领域中占有统治地位”，他提出了“个性是美最根本的特征”的理论。这里的“个性美”也是指事物感性的具体形象。美的个性决定了美的丰富性和多样性，美是一个丰富多彩的感性世界。因此，在艺术创作（如服装设计、服装表演）中，特别注重把握其个性特征。

2. 服装美具有目的性和功利性

人们的生活中，任何社会实践都具有目的性和功利性，服装美也不例外。人类的创造是先具有功利性，对自己有益，然后才成为美的。服装设计既有穿着者实用上的功利性，又有陶冶情操的精神功利性，既有生产企业经济上的功利性，又有美化人们生活的社会的功利性。

3. 形式要素是构成服装美的条件

服装的形式美法则是人类创造美的过程中对形式规律的经验总结，是劳动的产物，也是历史文化的产物。人类在审美的过程中，运用并发展了形式感，如一件服装的领型、袖型、口袋等是基本要素，他们的组合就符合一定的艺术构成法则（见图1-8）。

世界上不存在“没有形式的内容”，也不存在“没有内容的形式”。形式与内容是同一事物的两个方面，不可分离。人类在审美创造过程中，从大量美的事物（包括艺术作品）中归纳、概括出相对独立的形式特征。早在旧石器时代，人类已经发展了对对称形式要素和圆形要素的感觉，到了新石器时代，石器造型规整多样，人类对形式感愈加敏感。彩陶上的饰纹说明人类已自觉地开始运用艺术法则。

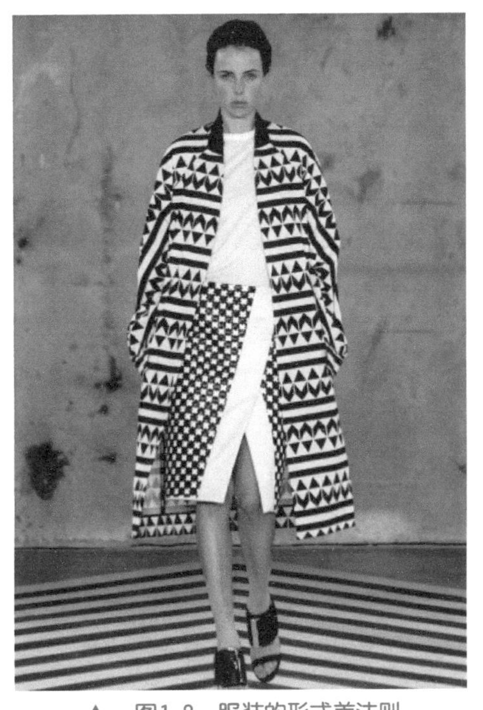

▲ 图1-8 服装的形式美法则

4. 按照美的规律欣赏和创造

服装美之所以称为美，是因为客观存在着美的规律与尺度。按照美的规律进行欣赏和创造，是服装美学研究的重要内容。美是有一定规律的，美的规律存在于自然、生活、生产及各类艺术的体裁形式中，有着丰富的内容，并随着时代、社会、场所、对象的不同而变化，不是单一的、绝对的、永恒不变的。

二、服装美学的教育作用

1. 服装是文化的集中表现

当人们进入到一个陌生区域的时候，留下最初印象的是城市的建筑、人群的着装等。其中人群的着装既能体现文化内涵和审美趣味，也能反映人们的文化素养和精神风貌。服装如实地反映了一个时代的社会文化背景，并且直接受到生产力与意识形态的制约。由很多人组成的人群的着装风格就能构成一个区域的文化特征，能够集中体现国民文化的内涵。

2. 服装美学的社会教育与自我教育过程

社会审美教育是美化生活、提高个人的文化形象，促进服饰形象的标准在原有的基础上不断提高的重要手段。其方法是利用新闻刊物、音像资料和有关的教材，宣传并讲授服装文化的规律与原理，使人们在潜移默化中接受服装的美学知识，提高自我形象设计的能力。

服装是人类生活的需要，可以反映出人的心理和生理的内部需要，并且成为个人行为不断向前发展的动力。要想提高服装的审美趣味，就要恰当地选择服装，并且通过服装更好地衬托出个人特有的风度。

在服装审美的教育中，时装表演起着示范的作用，时装表演是最接近于生活的舞台艺术。时装对人们生活中的着装起到了重要的引导作用，最主要的还是指时装表演中的时装取之于生活，忠实于生活，并且要高于生活。模特们在台上表演服装时，为了表现服装的灵性和内涵，需要将个人良好的气质风度融于服装的展示动作中，需要将服装在不同环境中的风韵、特点表现在动作上。因此，就必须要表现出在正常生活中最兴奋、最轻松、最大方、最神采奕奕的精神风貌，时装表演中的动作就是将生活中的动作加以改造、修饰、提高、美化，再将它们自然流畅地在表演中表现出来，使动作既源于生活又带有艺术的特点，形成模特专有的形体语言（见图1-9、图1-10）。

▲ 图1-9 时装表演（一）

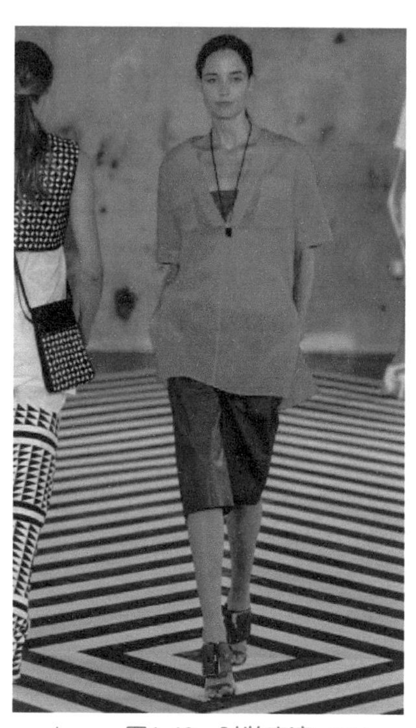

▲ 图1-10 时装表演（二）

3. 流行与个性化

时装流行是人类服装文化流变中的必然产物和客观存在。着装者追求个性化是人类高度文明的标志。越是在边远的城市中就越容易较长时间保持着稳定的服装。相对而言，在人的自我意识和自我形象欲表现较强的大都市，服装不容易停滞不前。社会越向前发展，人们着装的个性化要求就越强烈。时装的流行是一种文化现象，它根源于人类求新以及自我否定和自我超越的天然的心理趋向，是人类文化的一种创新。追求个性化可以在流行的总趋势下进行。

服装流行的原因：服装是人类美化自身、显示自我的重要表现形式。群居于社会的人，潜意识里都会有一种显示自我的愿望，这种愿望促使人们注意自身服装的美化和更新。群居于社会的人又需要一种社会认同的归属感和安全感。这种需要会促使人们去模仿大多数人推崇的服装。人们的这些愿望和需要是服装流行的重要心理原因。任何个人都不能创造流行，而只能探索流行、顺应流行。新的服装总是以新颖的、不同于陈旧的形式出现的。而这种形式又不能超出社会所能接受的程度。如果由少数人倡导的服装与当时当地人们的审美习惯、审美理想、行为规则、传统习俗相距甚远，是不可能得到多数人推崇并形成流行的。

服装的流行受社会生产力与人类审美心理的制约和影响。社会生产力是服装流行的基础，随着社会生产力的高度发展，服装流行的周期会越来越短，服装流行的表现形式也会越来越丰富。服装流行还会受到交通条件和信息传媒的影响。流行是一种不断传播的社会现象。交通便捷、信息发达的地区，容易成为流行的发源地。而交通、信息相对封闭、落后的地区，往往只能被动地接受流行。

4. 服装美与生活

服装的艺术美来源于生活美，但又高于生活美，在创造服饰美的时候，服装设计者需要把握人类对生活美的具体需求，只有深入到社会生活中，了解产品定位对象对生活美的具体追求，才能创造生活美。人们在创造着生活美的同时也创造着环境美，环境美是指个人的家庭环境、工作环境及生活环境等具体的环境美。环境是服装设计的重要依据。

在生活节奏加快的今天，服装的款式不断更新，流行色变化频繁，服装的审美尺度也在不断地变化，服装美学的价值也随着社会的发展而发展，伴随着人们的审美观念在变化。因此，服装的审美标准是具有相对性的，时间上是相对的。服装美学自身独有的特点就是不断地推陈出新。

5. 服装美学的学习方法

（1）培养抽象思维的能力和形象思维的能力

人类对知识的积累过程是一个从具象走向抽象的过程。抽象思维能力主要是指对思维方法、思维形式和思维规律掌握和运用所应具备的对概念的理解、判断、推理和运用能力。形象思维就是运用形象材料和表象，通过对表象的加工改造进行思维。形象思维有很多时候表现为创造性思维，如对形象的重新排列组合、类比、联想、想象等均富创造性。形象思维在文艺创造、服装设计等方面都发挥着创造性的作用。培养和训练形象思维能力的主要措施包括：一是培养观察力；二是培养想象力，培养再造想象、科学想象和创造想象的能力；三是培养空间想象力；四是培养表达能力。

（2）注意美学的发展脉络

系统地学习关于美学和服装美学的相关知识，了解它们发展的历史，通过比较、分析美学的起源及不同流派的观点，丰富我们的美学知识，培养独特的美学思维方式。服装美所具有的发展历程也包含在美学的发展过程中。

（3）注重理论和实践的结合

服装美学要与服装艺术创作实践相结合。普通的美学知识比较抽象，因此，在学习的过程中应将自己和他人欣赏和评价服装艺术的实践相结合。学好美学的关键是对服装专业理论知识的牢固掌握，而且要结合现实生活，了解生活和美化生活，按照美学的基本思路和方法，提炼和积累服装美学的经验，将理论和实践相结合。

（4）培养独立思考的能力和勇于创新的精神

学习美学要尊重美学的知识体系和框架，不断总结和提炼服装问题的特殊性。在学习中克服单向思维和习惯思维的影响，系统地、辩证地分析服装美学的相关问题。要在实践中不断地总结创新。

思考与练习

1. 了解中西美学的起源和发展，归纳出各自的特点。

2. 掌握服装美学的含义和特点，充分体会和归纳出学习服装美学的作用，并列举实例说明。

3. 结合服装设计作品，谈谈学习服装美学的目的和意义。

第二章　服装设计美学原理

● 第一节　服装设计的价值体现
● 第二节　服装设计的基础
● 第三节　服装设计的形式美法则

学习目标

1. 了解服装设计相关的基础知识。

2. 掌握服装设计的形式美法则。

第一节　服装设计的价值体现

一、服装设计的审美价值

我国有史以来就具有瑰丽的并且各具特色的服饰文化。经过时代的演变,已从过往着装的保守发展为今日的追逐时尚,现代人类对服饰的要求要远远超过它的实用价值，不再单纯以保暖作为主要需求。审美观念也正在发生翻天覆地的转变,因此服装设计的审美价值引起了社会的广泛关注。即使是普通的衣服,我们也要尽量地体现它的审美价值。服装设计的审美价值具体体现在是否具有个性特点,是否符合时代变化发展特征的需求,是否能给人们带来强烈的审美感受。

服装作为人类文明的产物，从一开始就与人类社会的经济、政治、文化发展密切联系在一起。随着人类社会的发展与进步，服装也经历了由低级到高级、由简陋到精致的漫长的演变过程。服装审美价值是客观的，因为它包含现实的、不取决于人而存在的自然性质，而且客观地、不取决于人的意识和意志而存在着。

服装设计是把服装的实用功能与审美功能有机地结合起来。服装设计首先要满足人的生存需要。其次，服装设计要符合人的审美要求。服装设计的视觉焦点是在整个设计中引起视觉兴奋和刺激的部位，能吸引人们的视线，增加服装的活力和情趣，起到画龙点睛之妙用。视觉焦点一般设置于具有强烈装饰趣味的物件标志，既有美的欣赏价值，又在空间上起到了一定的视觉引导的强调作用。

服装整体美是指服装的整体效果所具有的和谐的美感，是服装物质内容与精神内容的完美结合，服装构成要素之间如何达到平衡关系是服装整体美的重要内容。服装经人体穿着后会出现着装状态，将出现着装状态的众多因素调整到最佳结合点，服装的整体才会表现出很强的美感。服装设计的对象是人，它是美化、装饰人体，表现人的个性与气质的一种手段。因此，服装设计的第一目的是：适合功能，美化人体。按照扬长避短的原则，用服装与饰物来美化着装者的形态，更好地展现体态气质。一件服装是不能单独评价其美感的，有时不起眼的服装单品经过精心组合搭配会有意想不到的好的结果，而有的漂亮的衣服如果搭配不协调，也不会产生很好的视觉效果。所以服装经过组合以后的整体美是服装审美中至关重要的因素（见图2-1、图2-2）。

服装是人类美化自身的艺术品，人类很早就有了审美意识，他们在制造生产工具和生活用具的同时，已经在制造艺术品了。在人类最早的创造美的活动中，就包含了对自身的美化。如：文身、画身等。服装产生之后，成了人们形象的重要组成部分。随着人类精神文明和物质文明的不断提高，人们需要用服装的款式美、色彩美、材料美、图案美来满足自己不断更新的审美追求。如今，在人类社会中，服装已成为一种备受关注的艺术品。

▲　图2-1　服装整体美

▲　图2-2　服装完美搭配

二、服装设计的实用价值

服装设计是把服装的实用功能与审美功能在特定条件（材料、设备等）下有机地结合起来的工作。服装设计首先要满足人的生存需要，满足人类生存的需要是服装设计的前提条件，也是服装设计的基础。

服装实用功能就是指服装的机能性。服装机能性包括服装的一系列功能，如防护功能、储物功能、健身功能、舒适功能等。任何服装在设计时都有其具体的设计要求和设计目的，服装功用的机能美是设计的一个重要方面，许多服装在设计时必须坚持机能性第一的原则。比如，内衣设计讲究舒适，运动装设计讲究活动的健身性，特殊作业服特别注重服装的防护功能等。消防队员的工作服装如果不采用隔热耐燃的材料，那无论设计元素运用得多么巧妙、款式多么漂亮，从机能的角度讲也不是好的设计；内衣如果使用不透气、不吸湿的化纤面料，不符合舒适性的基本特点，也不会被人们采用。随着人们对自身保健意识的加强，服装的机能性也越来越成为影响服装品质的重要内容（见图2-3、图2-4）。

未来战场，服装已经不仅仅是保暖和蔽体的工具，而成为保护战士们生命安全的“保护伞”。各种各样具有高技术含量的服装将在未来的战争中发挥不可估量的作用。目前，美国研制成功了一种新型的能变色的隐形服装。这种军服采用“有源”系统，将近似迷彩图案的金属涂层置于织物表面，用电源来调节金属涂层的温度和热辐射强度，使之与所处的环境背景相一致。战士穿着这种军服，在任何情况下都能根据环境温差变化及时调整军服的颜色。当战士穿上隐形军服走进沙漠、森林时，军服很快就变成黄色和绿色；走进雪地，军服马上又会变成白色，与大地浑然一体。

▲ 图2-3 内衣设计

▲ 图2-4 运动服设计

智能服装是一些时尚权威和电子奇才已开始生产的一种内含微型移动电话或全球定位系统的夹克衫，使身穿这种夹克衫的人在世界任何地方都能确定所在位置，误差只有几米。夹克衫内还可以配备微型摄像机、电视机等视听视频装置。预计今后5年，世界将推出一系列“智能”运动服、休闲服和套装、军服。如“可吃服装”，这种军服是由特殊的蛋白质、氨基酸和多种维生素合成的，既能吃又能穿，一件上衣能够保证一名士兵6天所需要的营养和能量，重量仅为2.5千克。此款服装主要适用于在沙漠执行任务或在险恶的环境下执行特殊任务的士兵。

第二节　服装设计的基础

一、设计者的综合修养和创造力

一个成功的服装设计者，应该具有一定的绘画基础与造型能力，此能力是服装设计师的基本技能之一。还要具有丰富的想象力以及对服装的款式、色彩和面料这三部分知识的灵活掌握。还有对服装结构设计、裁剪技术的掌握，也是服装设计师必备的基础知识。结构设计是款式设计的一部分，服装的各种造型其实就是通过裁剪和尺寸本身的变化来完成的。如果不懂面料、结构和裁剪，设计只能是“纸上谈兵”。

成功的服装设计者还要具有对服装敏锐的观察力，在服装设计中要具有较强的综合能力，不仅有技术上的创意，还需要用理性的思维去分析市场，找准定位，有计划地操作，有目的地推广品牌。因此要做出服装品牌风格，使目标消费者穿得时尚；能吸引顾客，扩大市场占有率，提高品牌的品味，增加设计含量，获得更大附加值，创造品牌效应，是服装设计师应具备的基本素质。

服装设计既是一种产品设计，也是一种艺术创作。因此设计者要具有广泛的艺术修养。曾被誉为“时装之王”的法国高级时装设计大师奥尔就是具备了建筑、绘画、音乐等多方面知识的一位时装界的巨匠，他的弟子伊夫·圣·洛朗也是一位艺术才华横溢的天才，从圣·洛朗的作品中，可以看到他设计灵感来源之广，热情奔放的西班牙风格，华美多姿的俄罗斯情调，单纯豪放的非洲风格，端庄鲜明的中国风格，色彩明朗的毕加索风格，简洁明快的蒙德里安冷抽象艺术和波普艺术等，都在其作品中有着独特的运用和发挥。

二、设计者的美术基本功

作为一个成功的服装设计者，应该具有绘画基础与造型能力，只有具备了良好的绘画基础，才能通过所设计造型的表现能力以绘画的形式准确地表达设计的创作理念，在设计图的过程当中也更能体会到服装造型注重的节奏和韵律之美，从而激发设计师的灵感。20世纪初包豪斯曾经提出“设计的目的是人而不是产品”，特别是服装，本身就是人体的外部覆盖物，与人体有着密切的关系，作为设计师只有对人体比例结构有准确、全面的认识，才能更好地、立体地表达人体之美，这是设计的基础。

首先要进行绘画技巧的训练，熟悉绘画的材料，掌握绘画的表现手法，具备色彩构成和平面构成的基本能力。能够熟练绘制服装的效果图，掌握色彩的运用，服装的色彩变化是设计中最醒目的部分。服装的色彩最容易表达设计情怀，火热的红、爽朗的黄、沉静的蓝、圣洁的白、平实的灰、坚硬的黑，每一种色彩都有着丰富的情感表征，给人以丰富的内涵联想。因此要注重服装效果图立体效果的表现、面料质感的表现和色彩的表现。

1. 服装效果图的含义

服装画是能够正确表达服装穿在人体上效果的设计图，是服装设计的专业基础之一，是衔接时装设计师与工艺师、消费者的桥梁。绘制服装效果图是表达设计构思的重要手段，服装设计者需要有良好的美术基础，通过各种绘画手法来体现人体的着装效果。服装效果图被看做是衡量服装设计师创作能力、设计水平和艺术修养的重要标志。

服装设计中的绘画形式有两种：一类是服装画，属于商业性绘画，用于广告宣传，强调绘画技巧，突出整体的艺术气氛与视觉效果；另一类是服装效果图，用于表达服装艺术构思和工艺构思的效果与要求。服装效果图强调设计的新意，注重服装的着装具体形态以及细节描写，便于在制作中准确把握，以保证成衣在艺术上和工艺上都能完美地体现设计意图。

2. 服装设计图的内容

包括服装效果图、平面结构图以及相关的文字说明三个方面。

（1）服装效果图

服装效果图一般采用写实的方法准确表现人体着装效果。设计的新意要点是在图中进行强调以引人注目，细节部分要仔细刻画。服装效果图的模特采用的姿态以最利于体现设计构思和穿着效果的角度和动态为标准。要注意掌握好人体的重心，维持整体平衡。服装效果图可用水粉、水彩、素描等多种绘画方式加以表达，要善于灵活利用不同画种、不同绘画工具的特殊表现力，表现变化多样、质感丰富的服装面料和服饰效果。服装效果图整体上要求人物造型轮廓清晰、动态优美、用笔简练、色彩明朗、绘画技巧娴熟流畅，能充分体现设计意图，给人以艺术的感染力。

（2）平面结构图

一幅完美的时装画除了给人以美的享受外，最终还是要通过裁剪、缝制成成衣。服装画的特殊性在于表达款式造型设计的同时，要明确提示整体及各个关键部位结构装饰线裁剪与工艺制作要点。平面结构图即画出服装的平面形态，包括具体的各部位详细比例，服装内结构设计或特别的装饰。平面结构图应准确工整，各部位比例形态要符合服装的尺寸规格，一般以单色线勾勒，线条流畅整洁，以利于服装结构的表达。

（3）文字说明

在服装效果图和平面结构图完成后还应附上必要的文字说明，例如设计意图、主题、工艺制作要点、面辅料及配件的选用要求以及装饰方面的具体问题等，要使文字与图画相结合，全面而准确地表达出设计构思的效果。

效果图表现的主体是时装。几个世纪以来，包括今天的艺术家们，对时装的热情从没有减退过，我们可以看到许许多多将时装描绘得灿烂辉煌的人物绘画作品，但这些作品之所以不能称之为时装画，是因为它们表现的主体是人而不是时装。而时装画的内容是表现或预示时装穿在人体之上的一种效果、一种精神、一种着装后的气氛。时装画还具有另一个特点，即具有双重性质：艺术性和工艺技术性。首先，作为以绘画形式出现的时装画，它脱离不了艺术的形式语言。对于时装来说，时装本身便是艺术的完美体现。而以绘画形式、材料或创造方法来表现的时装画，则是其创作、绘制的基本要求。虽然近期出现的电脑时装画，脱离了传统的绘画工具材料，但从创作心理过程以及电脑最终所表现的视觉效果来看，电脑时装画仍然是属于绘画的形式范畴，只是其运作过程和表现的方式与传统的时装画有所不同。其次，时装画的工艺技术性，是指作为时装设计专业基础的时装画不能摆脱以人为基础并受时装制作工艺制约的特性，即在表现过程中，需要考虑时装完成后，穿着于人体之上的时装效果和满足工艺制作的基本条件。时装画需要表现人体着装后的效果和气氛，所以人体造型基础是创造时装画良好着装效果的前提。

时装画的人物造型要求，与一些绘画专业（如国画、油画等专业）的人物造型要求有本质的不同，时装画中的人物造型，通常满足与时装相协调。时装画中的主体是时装，而不是人物，所以对人物的处理有时采用写实处理，有时则需要夸张处理，或详细刻画、或简略写之。不同风格和类型的时装画、不同款式与面料的时装画、不同表现手法的时装画等，对人物的处理手法和要求都有所不同。时装画的造型基础，除时装画人物造型基础之外，还包括时装画的形式美感等问题。时装款式、表现风格、人体表现、工具材料、表现技法等因素组成的时装画整体艺术形式，是时装画内容的体现（见图2-5～图2-8）。

其次对人体结构要准确地理解，因为服装是穿在人身上才能展示最终效果的。要掌握服装与活动人体的关系。骨骼是人体的支架，由骨头与关节组成，它决定了人体的基本形态。

▲　图2-5　服装效果图学生作品（一）

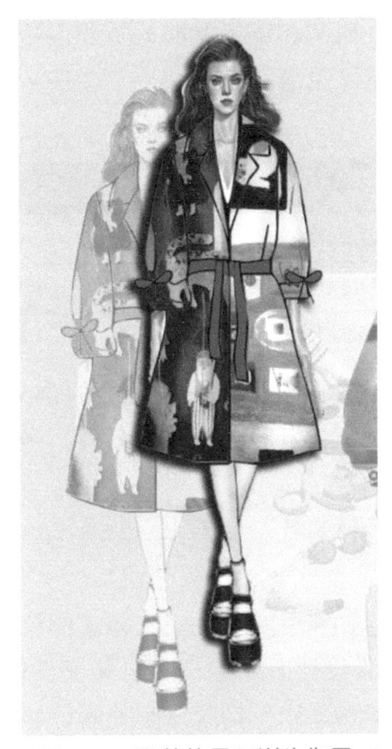

▲　图2-6　服装效果图学生作品（二）

▲　图2-7　服装效果图学生作品（三）

▲　图2-8　服装效果图学生作品（四）

人体由206块骨头组成。肌肉附生在骨骼上，使人体表面产生凹凸不平的变化。人体体型即人体的外观形态，人体是立体的。人的体型特点是：从人体的正、背面观察，人体左右呈对称的形态；从人体的侧面观察，则呈前后不对称的S型。体型分为Y、A、B、C四种体型标志。

男女骨骼、肌肉和皮下脂肪的沉积度不一样，因此男女体型，特别是躯干部位的外观形态有较大的差异（见表2-1）。

表2-1　体型分类及差数表

体型分类代号	Y	A	B	C
男子胸围与腰围差数	22～17	16～12	11～7	6～2
女子胸围与腰围差数	24～19	18～14	13～9	8～4

注：Y型的差数最大，C型的差数最小，服装设计与制作必须以人体的体型为依据。

再次要掌握和理解服装设计的含义和特点，服装设计指在正式生产或制作某种服装之前，根据一定的目的、要求和条件，围绕这种服装进行的构思、选料、定稿、绘图等一系列工作的总和。

服装设计的特点如下。

① 服装设计要实现服装良好的实用功能，必须研究并解决服装的外观形式、使用材料及内部结构如何更好地适应人体结构和人的活动规律等问题。

② 服装设计必须追求尽可能完美的审美功能，服装设计必须研究并解决如何运用各种形式美要素和形式美构成法则处理好服装的款式、色彩、材料变化，使服装更好地美化人们的生活。

③ 服装设计是一种面向生产的设计，服装设计必须研究并解决产品外观形式与内在质量的关系问题，研究并解决产品价值与成本的关系问题，使价值规律通过设计在生产中得到最佳体现。

④ 服装设计是一种面向市场的设计，必须研究不断变化的市场，研究市场销售规律和流行趋势对设计的影响。

三、掌握运用信息情报

1. 了解服装的最新动向

设计者在构思的时候，要充分了解服装的流行趋势，做一个新时装和潮流的创造者，具有超前的意识，对服装的流行和潮流有敏锐的觉察力，并有能力在此基础上把自己的设计思维通过服装的面料和款式以及色彩完美地表现出来。时装设计是一项时间性相当强的工作，需要设计者在极短的时间内，迅速捕捉、记录设计构思。

通过电视、电信、互联网等快速的传播手段，获取最新的服装流行资讯。及时关注国际流行中心最新的时装发布情况。注意进行市场调研，及时了解市场的流行趋势和服装的销售状况，充分把握消费者的心理。了解品牌的风格、市场定位、竞争品牌的概况、每季不同定位的服装设计风格的转变、不同城市流行的差异、所针对消费群对时尚和流行的接受能力等，还要清楚应该何时推出新产品、如何推出、以何种价格推出等问题，经过这些实践和经历，才能成为合格的服装设计者。

2. 预测服装的发展趋势

了解服装的流行趋势和服装的流行周期的特点，能够较为准确地预测服装的发展趋势，可以通过分析政治的动向、社会的变革、经济的兴衰等影响服装流行的因素，作出大致趋势的预测。例如服装界专家预测，21世纪全球服装业将发生巨大变化，服装发展趋势呈现以下特点：特种服装的门类越来越多，制造具有永久性防水、防火、防污、防腐蚀等特种要求的服装品种会不断发展，以满足人们各种不同用途的需要；服装的设计研究趋于个性化服装的整体设计，更加注意人体全身的对称与和谐，不仅考虑穿衣者的上衣与裤子的协调，而且还考虑与其他商品是否相配，甚至连其发型、脸型、体型、皮肤、头发颜色等也在考虑范围之内，设计生产出能使全身更加漂亮的整套服装。

3. 寻求新的设计理念和表现的题材

服装设计者要密切关注服装的流行趋势，与市场的流行趋势相结合，融合自己的服装设计作品成功地表现出来，总之要把流行的内容和自己的设计点融合，找出新的设计理念。

第三节　服装设计的形式美法则

一、服装的造型

服装的造型美是指服装由造型因素而产生的美感。服装离不开造型，造型是通过观察者的观察并与其已有的文化艺术内涵相对应后产生的判断。服装上表现出来的造型美是要将色彩、材料、流行等因素联系起来考虑的。服装的造型可分为外造型和内造型，其外造型主要是指服装的轮廓剪影，内造型是指服装内部的款式，包括结构线、省道、领型、袋型等。

服装的外造型是设计的主体，内造型设计要符合整体外观的风格特征，内、外造型应相辅相成。对于服装的外造型设计，服装设计作为一门视觉艺术，外形轮廓在服装整体设计中造型设计属于首要的地位。服装的外轮廓剪影可归纳成A、H、X、Y四个基本型。在基本型基础上稍作变化修饰又可产生出多种变化造型来，以A型为基础能变化出帐篷线、喇叭线等造型，对H、Y、X型进行修饰也能产生出更富情趣的轮廓型。服装的内造型设计主要包括：结构线、领型、袖型和零部件的设计。服装的结构线具有塑造服装外形，适合人体体型和方便加工的特点，在服装结构设计中具有重要的意义，服装结构设计在一定意义上来说即是结构线的设计。

服装的结构线是指体现在服装各个拼接部位，构成服装整体形态的线，主要包括省道线、褶裥和剪辑线及装饰线等。结构线可归纳为直线、弧线和曲线三种。由于人体是由起伏不平的曲面组成的立体，因而要在平面的面料上表现出立体的效果，必须收去多余的部分，一般是通过省道与裥的设置来实现这一目的的。省是缝合固定的，根据所设的不同位置，分为胸省、腰省、肩省、后背省、臀位省等。裥是在静态时收拢，而在人体运动时张开，比省更富于变化和动感，裥的设计主要以装饰为主，一般有褶裥、细皱褶和自然褶三类。剪辑线的作用是从造型美出发，把衣服分割成几个部分，然后缝制成衣，以求适体美观。剪辑线可分为六种基本形式：垂直分割、水平分割、斜线分割、弧线分割、弧线的变化分割和非对称分割。

形式美的基本原理和法则是对自然美加以分析、组织，利用并形态化了的反映。从本质上讲就是变化与统一的协调。它是一切视觉艺术都应遵循的美学法则，是贯穿于服装设计中的美学法则。其主要有比例、平衡、韵律、视错、强调等几个方面的内容。

1. 比例

比例是相互关系的定则，体现各事物间长度与面积、部分与部分、部分与整体间的数量比值。对于服装来讲，比例也就是服装各部分尺寸之间的对比关系。例如裙长与整体服装长度的关系、贴袋装饰的面积大小与整件服装大小的对比关系等。对比的数值关系达到了美的统一和协调，被称为比例美。

（1）比例美的法则

艺术形象内部和比例关系一定要符合自己的审美习惯和审美经验。同类量之间的差异小，容易协调，但是容易产生视觉疲劳，难以引起美感。比差太大，即同类量之间的差异超过了人们的审美心理所能理解或承受的范围，也产生不了美感。艺术形式中给人美感的数量关系，被称为“比例适度”。

（2）黄金分割

① 黄金分割也称黄金率分割，被公认为最富有美感的比例。

2000多年前，古希腊数学家欧多克斯发现，如果将一条线段（*AB*）分割成大小两段（*AP*、*PB*），如果小段与大段的长度之比恰好等于大段的长度与全长之比，那么这一比值等于0.618。

② 黄金数的概念　其含义是将一线段分为长、短两部分时，长段与总体之比等于短段与长段之比，即$AP/AB = PB/AP$，其比值为0.618。

③ 黄金数的作用

a. 人的肚脐是人体总长的黄金分割点，人的膝盖是人体肚脐到脚跟的黄金分割点。

b. 有些植物茎上两相邻叶片的夹角是137° 28′，这恰好是把圆周分成1∶0.618的两条半径的夹角。

c. 建筑师们对数字0.618也特别偏爱，如古埃及的金字塔、帕提农神庙顶的高度与屋梁的长度等都是黄金数在建筑上完美的运用。

d. 一些名画、雕塑、摄影作品的主题大多在画面的0.618处。

④ 以黄金分割的比率制成矩形，则为黄金矩形。

黄金矩形（Golden rectangle）的长度之比为黄金分割率，矩形的长边为短边的1.618

倍。黄金分割率和黄金矩形能够给画面带来美感，令人愉悦。在很多艺术品以及大自然中都能找到它。希腊雅典的帕撒神农庙就是一个很好的例子，达·芬奇的《维特鲁威人》符合黄金矩形，《蒙娜丽莎》的脸也符合黄金矩形，《最后的晚餐》同样也应用了该比例布局。

① 构成服装外观形式的各因素内部也应保持良好的数量关系，黄金率和接近黄金率的比例关系均可运用于服装。

② 设计服装的外形时，外形中长与宽的比例，上、下装面积的比例应给人以美感。

③ 用单独图案点缀服装，应注意图案的位置，使图案处于装饰面的最佳点（如矩形中“井”字分割的某个交点）。

衣领的大小、口袋的面积和位置，领带、腰带的长短，分割线、装饰线的确定，均应注意比例原则的运用（见图2-9）。

▲ 图2-9　形式美法则比例的运用

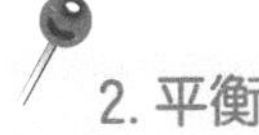

2. 平衡

在一个交点上，双方不同量、不同形但相互保持均衡的状态称为平衡。其表现为对称性的平衡和非对称性平衡两种形式。对称平衡为相反的双方在面积、大小、质料都保持相等状态下的平衡，这种平衡关系应用于服装中可表现出一种严谨、端庄、安定的风格，在一些军服、制服的设计中常常加以使用。为了打破对称式平衡的呆板与严肃，追求活泼、新奇的着装情趣，不对称平衡则更多地应用于现代服装设计中，这种平衡关系是以不失重心为原则的，追求静中有动，以获得不同凡响的艺术效果。

平衡具有以下几种主要形式。

① 对称平衡

a. 对称平衡的概念　对称是平衡的特殊形式，在以对称形式构成的画面中，均可以找到一个中心点或一条中轴线把画面分成两个部分。

b. 对称平衡的特点

（a）这两部分的形式因素不仅数量、质量相同，而且到这个中心点或这条中轴线的距离也相等。

（b）对称平衡中的形式因素同形同量，能产生整齐端庄的效果。

（c）由于人体是对称的，对称的形式能充分体现在服装的外观形式上，服装的款式、色彩、材质、图案均可按对称形式设计。

c. 服装中对称常用的几种表现手法

（a）单轴对称

概念：单轴对称以一根轴为中心，左右两边的形式因素完全相同。

特点：以这种形式设计的服装具有朴实感、安定感。但平衡形式过于简单，会缺乏生机（见图2-10）。

（b）多轴对称

概念：多轴对称即两根轴交叉成直角，分布在它们周围的形式因素相等或相近。

特点：这种形式左右的形对称，上、下、对角的形也对称，整体效果显得更为严谨（见图2-11）。

▲ 图2-10 服装设计中的单轴对称

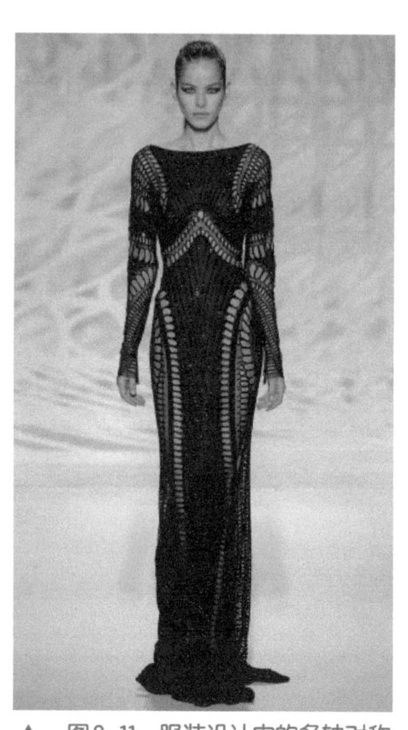

▲ 图2-11 服装设计中的多轴对称

（c）点对称

概念：点对称也叫回旋对称，相同的形式因素以中心点为对称点，旋转后才能重合，其构图呈“S”形。

特点：点对称的构图有运动感，以点对称形式设计的服装较前两种对称形式活泼。

② 重力平衡

a.重力平衡的概念 是指造型艺术作品中对应形式因素的形状并不相同，但因分量相近而呈现的一种平衡状态。

b.重力平衡的特点

（a）在审美和艺术创作中，人们通过视觉和心理能感受到形体、色彩、材料的分量。

（b）位置与方向也能影响分量的感觉。如同一形体，放得高比放得低显得轻，放得稳比放得不稳显得重。

（c）造型艺术中各种形式因素的分量感为造型艺术创作通过重力相等达到平衡提供了条件。

（d）重力平衡异形等量，差异面较大，比对称平衡活泼。

3. 节奏

节奏原指音乐中音的连续，音与音之间的高低以及间隔长短在连续奏鸣下反映出的感受。节奏是一种有秩序、不断反复的运动形式，是各种相同因素连续不断地交替出现的现象。视觉艺术中点、线、面、体以一定的间隔、方向按规律排列，并由于连续反复地运动也就产生了韵律，分为有规律的重复、无规律的重复和等级性的重复。这三种韵律的旋律和节奏不同，在视觉感受上也各有特点。在设计过程中要结合服装风格，巧妙应用以取得独特的韵律美感。

（1）节奏的形式

① 自然形态中的节奏　人的呼吸和行走、海水的涨落等。

② 艺术形态中的节奏　优美动听的音乐有时间流动的节奏、赏心悦目的绘画作品里显示的是色彩和图形编织的节奏。

③ 运用于服装设计中的节奏　节奏能增强服装的艺术感染力。相同的点、线、面、色彩、图案、材料等形式因素在同一套服装中重复出现，能产生节奏感。

（2）重复的形式

a. 机械的重复　机械重复是重复出现的形式因素不发生任何变化，引导视线作机械地反复。特点：完全相同的图案、完全相同的色彩等其他形式因素在服装上机械地重复出现均能产生节奏（见图2-12）。

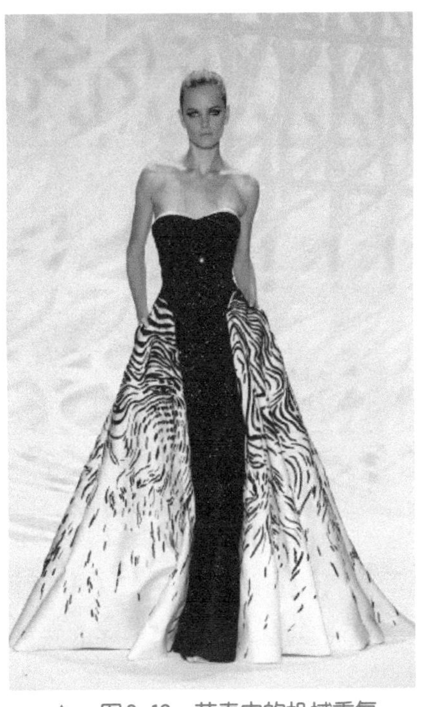

▲ 图2-12　节奏中的机械重复

b. 变化的重复　指某种形式因素在重复出现时产生一定的变化，引导视线作有规律的跳动。长短不齐的线、大小不同的点或面、色相相同但明度不同的色彩等其他形式因素经过适当处理，反复出现，均可产生节奏，这种由变化重复产生的节奏比较活泼，动感较强。如：斜裙下摆的褶纹，其宽窄、大小、间距在重复出现时已产生变化，但仍保持相似的特点（见图2-13）。

c. 渐变　渐变是某种形式因素在重复出现时按等比或等差的关系渐渐增强或渐渐减弱，引导视线朝某一方向滑动。特点：色彩的渐变还要体现为色相的变化，如红—灰红—灰等，形体从大到小或从小到大，线条从粗到细或从细到粗的渐次推移，均可产生圆润而舒展的美。如：色彩逐渐变淡的长裙，裙子的色相没有变化，纯度逐渐减弱，而明度逐渐提高（见图2-14）。

4. 变化与统一

变化是指相异的各种要素组合在一起时形成了一种明显的对比和差异的感觉，变化具有多样性和运动感的特征，而差异和变化通过相互关联、呼应、衬托达到整体关系的协调，使

▲ 图2-13 斜裙下摆变化的重复

▲ 图2-14 色彩逐渐变淡的裙子

相互间的对立从属于有秩序的关系之中，从而形成了统一，具有同一性和秩序感。在服装设计中既要追求款式、色彩的变化多端，又要防止各因素杂乱堆积缺乏统一性。在追求秩序美感的统一风格时，也要防止缺乏变化引起的呆板单调的感觉，在统一中求变化，在变化中求统一，并保持变化与统一的适度，才能使服装设计完美。

变化统一的运用要求如下。

艺术形式要有多样性、多变性，不能单调和呆板。在服装中，通过款式、色彩、材质有机地结合，并穿到人身上，同时加上相应的配饰，才能给人强烈的美感。多样统一要求艺术形式体现出内在的和谐统一，不能杂乱和无秩序。

艺术创作需要多种形式、多种变化来丰富艺术作品。但艺术作品中的多种形式和多种变化一定要呈现出内在的联系，并构成一个整体。服装有款式、色彩、材质、图案、配饰、制作工艺等因素。掌握好它们之间的内在联系，并结合"穿衣人"的肤色、形体、年龄、气质、环境等因素，服装才能给人和谐的美感。

二、服装的色彩

服装的色彩美是指由色彩因素而产生的美感，是服装设计在色彩配置上的总的要求，也是服装外表美的具体内容之一。色彩在视觉中占据着重要位置，造型设计完成以后，剩下来的就是色彩配置的问题。

1. 色彩美的表现

服装的色彩美表现在两个方面。一是服装本身所具有的色彩美感，包括服装面料的色彩美和服装由搭配而产生的色彩美。设计师通过对现有面料色彩进行选择来表达其设计意图，这就需要设计师具有丰富高深的色彩美学修养。服装搭配的色彩美感往往由穿着者完成。二是服装与外界因素的协调而产生的色彩美感，包括肤色与饰品、服色与肤色、肤色与环境等（见图2-15、图2-16）。

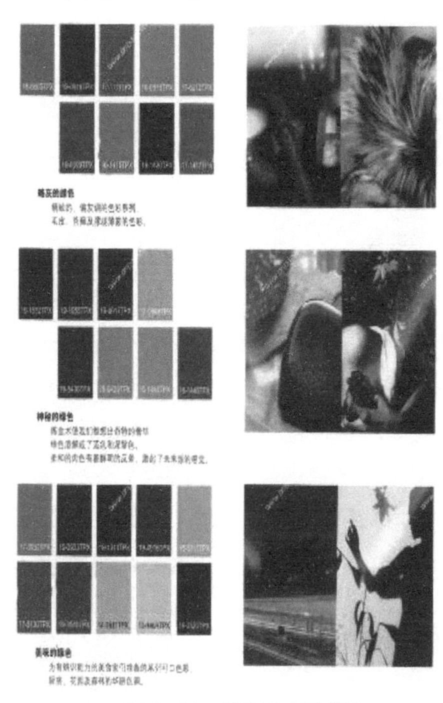

▲ 图2-15　流行色预测图

▲ 图2-16　服装色彩的美感

2. 色彩的基础知识

色彩最重要的物理特征是色相、明度与纯度。

（1）色相

色相是每种颜色的相貌，它们通过色名加以区别，如蓝色、明黄色、淡紫色等。色相是“色”要素最重要、也是最普通的特征，服装大众对于色相都有非常确定的认识，这是他们选择服装的基本出发点，每个人都有自己的主观色彩。服装色彩常常与自然物相通，特别是大众感觉常常不是理性的，而是感性的，印染色谱上的标号是科学存在方式，而大众需要的是审美感悟方式，人们将色彩与具体物质形象地联系起来，例如玫瑰红、朱砂红、桃红、橘黄、金黄、柠檬黄、土黄、苹果绿、草绿、翠绿、天蓝、湖蓝、孔雀蓝、酱紫等。从色彩史上看，人类最初认识色彩就是从实物开始的，经过长期实践才将色彩与实物分开，抽象出独立色相。设计者要结合实物来研究色彩，就能发现其中的生命意义，提高自己对于色彩理解的有机性（见图2-17）。

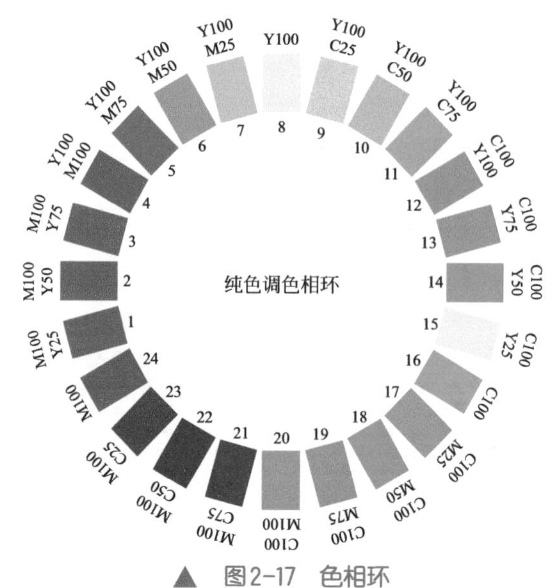

▲ 图2-17 色相环

（2）明度

指的是色彩的明暗程度，它具有两方面的含义：一是指不同色彩之间的明暗变化，表现为外部差别；二是指同一种颜色本身的明暗变化，表现为内部差别。外部差别是指不同色要素或明或暗，在赤、橙、黄、绿、青、蓝、紫七色中，黄色的明度最高、最亮，紫色的明度最低、最暗。内部差别是颜色本身的明暗变化，表现为同色的明度层次变化，加入白色亮度就会提高，加入黑色亮度就会降低，例如，浅红的明度就高于大红，大红的明度就高于深红。明度是在色与光的关系中表现出来的。摄影艺术是光的艺术，明与暗在摄影学上被称为影调，它可以产生不同的主题调式，通过层次的变化增强立体感，这是造型艺术的重要手段。服装设计师应该向摄影师学习控制色彩明度的能力。

（3）纯度

也叫色度和彩度，就是某种色相的纯粹程度，充分饱和的就是标准色，不充分的就是非标准色。如果在一种颜色中搀入其他颜色，原颜色的纯度就会降低，搀入的越多，纯度就越差，超出了临近带之外，颜色就逐步朝搀入的颜色转变，失去了原来的色相。色彩的纯度极容易与明度混淆，因为随着纯度的改变，明度也在发生着或强或弱的变化，浅红的纯度低，明度高，大红的纯度高，而明度低。标准的黄色和标准的蓝色纯度相同，都是饱和色，但明度不同，黄色的高，蓝色的低。纯度变化可以产生或鲜明、或朦胧的效果（见图2-18）。

服装色彩虽然要以色彩学的基本原理为基础，然而，它与美术作品的色彩也有明显的区

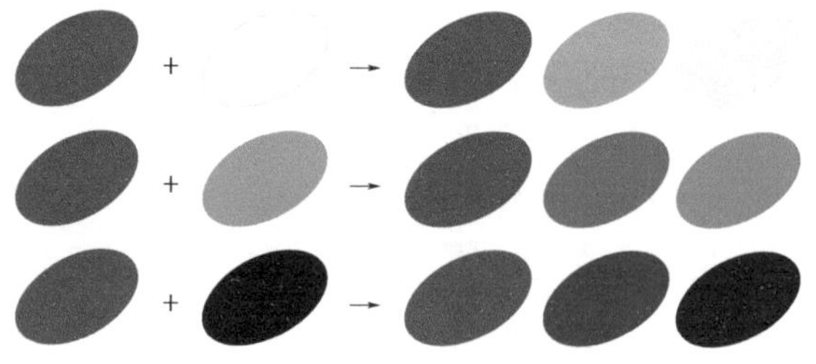

▲ 图2-18 纯度的变化

别，服装色彩有其特殊性。色彩首先要以人的形象为依据。其次进行色彩设计时，不仅要考虑色彩的平面效果，更应从立体的效果考虑穿着以后两侧及背面的色彩处理，并注意每个角度的视觉平衡。

服装色彩的实用功能包括物理性功能、生理及心理性功能、视觉效果的功能。物理性功能：根据使用目的恰当地利用服装材料色对光的吸收、反射、透过的性能，对生物体进行维护，以避免或减少有害的辐射，增加有益的辐射。生理及心理性功能：有效地把握人类知觉色彩过程中的生理特征及心理特征，如人对色彩平衡的需求及色彩的错觉、色彩的直觉心理效应等。视觉效果的功能：根据不同的使用目的，采用强化或弱化色彩对比关系的手法，使服装表现出所需的效果。

3. 服装配色的原则

在设计中，色彩搭配组合的形式直接关系到服装整体风格的塑造。设计师可以采用一组纯度较高的对比色组合来表达热情奔放的热带风情；也可通过一组纯度较低的同类色组合体现服装典雅质朴的格调，在服装设计中最常用的配色方法有：同类色配合、近似色配合、对比色配合、相对色配合四种。

（1）同类色的服装配色

同类色配合是通过同一种色相在明暗深浅上的不同变化来进行配色。

（2）近似色的服装配色

近似色配合是指在色相环上90°范围内色彩的配合，给人们温和协调之感。与同类色配合相比较，色感更富于变化，所以它在服装上的应用范围比同类色配合更广（见图2-19）。

（3）对比色的服装配色

对比色的配合是指色相环上120°～180°范围内的色彩配合，所体现的服装风格鲜艳、明快，多用于运动服、儿童服、演出服的设计中。

（4）相对色的服装配色

相对色配合是指色相环上180°两端两个相对色彩的配合。其效果比对比色配合更为强烈。在相对色配色中要注意主次关系，同时还可通过加入中间色的方法使对比效果更富情趣（见图2-20）。

4. 服装色彩应与整体风格协调

① 服装的形式美是由款式、色彩、材料综合表现的。当服装的整体风格被确定之后，服装的色彩就应为表现这一风格服务。

② 借助色彩烘托服装的整体风格要注意发挥色彩的情感效应。色彩的情感效应与服装的整体风格一致，是服装配色的一个重要原则，热情、跳跃的高纯度色彩适合动感较强的服装。

③ 色彩是富有鲜明的时代感和时髦性的。色彩专家以其尖锐的洞察力，把来自消费市场的时新色彩加以归纳、提炼，并通过预告推而广之，蔚然成风，形成流行色。目前国际流

▲ 图2-19 近似色服装配色

▲ 图2-20 相对色服装配色

行色委员会每年两次例会以预测来年春夏和秋冬的流行色趋向，并通过流行色卡、时尚杂志和纺织样品等媒介进行宣传。在现代服装设计中，流行色的应用更为广泛，新潮款式和流行色彩的结合日益密切。

三、服装的质感

服装的材料美是指由材料因素而产生的美感。服装材料是服装的载体，离开材料谈服装等于纸上谈兵。设计师会因发现新的材料而激动，并会因此而触发设计灵感。新材料背后包含着新科技，象征着生产者的技术水平和经济能力。对设计师来说，材料美的侧重点主要放在面料上，因为它是服装材料美的外观表现，许多辅料的功用只是服装材料美的内在表现。服装的材料美主要表现为色彩和肌理。材料的肌理美是指材料表面因织造或再创造而产生的纹理效果。此外，面料的许多物理性能，诸如悬垂性、透气性、柔软性、挺括性、伸缩性等，也是服装设计师必须考虑的材料因素。新颖合适的面料制成服装，常能引起消费者的购买冲动。设计者应该对材料知识，尤其是对材料的感性判断有足够的认识和经验，辨证地、灵活地运用流行的或过时的、新颖的或传统的面料，设计各种适合不同需要的服装。

面料是服装制作的材料，了解不同面料的外观和性能的基本知识，如肌理织纹、图案、塑形性、悬垂性以及保暖性等，是做好服装设计的基本前提。随着科技的进步和加工工艺的发展，现在可以用以制作服装的材料日新月异，不同的材料在造型风格上各具特征。要充分掌握不同材质面料的造型特点以及在服装设计中的运用。

（1）柔软型面料

柔软型面料一般较为轻薄，悬垂感好，造型线条光滑，服装轮廓自然舒展。柔软型面料主要包括织物结构疏散的针织面料和丝绸面料以及软薄的麻纱面料等。柔软的针织面料在服装设计中常采用直线型简练造型体现人体优美曲线，表现面料线条的流动感（见图2-21）。

（2）挺爽型面料

挺爽型面料线条清晰有体量感，能形成丰满的服装轮廓。常见有棉布、涤棉布、灯芯绒、亚麻布和各种中厚型的毛料和化纤织物等，该类面料可用于突出服装造型精确性的设计中，例如西服、套装的设计。

（3）光泽型面料

光泽型面料表面光滑并能反射出亮光，有熠熠生辉之感。这类面料包括缎纹结构的织物。最常用于晚礼服或舞台表演服中，产生一种华丽耀眼的强烈视觉效果。

（4）厚重型面料

厚重型面料厚实挺括，能产生稳定的造型效果，包括各类厚型呢绒和绗缝织物。其面料具有形体扩张感，不宜过多采用褶裥和堆积，设计中以A型和H型造型最为恰当（见图2-22）。

（5）透明型面料

透明型面料质地轻薄而通透，具有优雅而神秘的艺术效果。包括棉、丝、化纤织物等，例如乔其纱、缎条绢、化纤的蕾丝等。为了表达面料的透明度，常用线条自然丰满、富于变化的H型和圆台型设计造型。

▲　图2-21　柔软型面料（丝织面料）

▲　图2-22　厚重型面料（裘皮面料）

思考与练习

1. 了解服装美学的审美价值和实用价值，充分理解其内在的含义。
2. 掌握服装的设计基础，分析效果图的绘制原则。
3. 掌握服装的形式美法则，并能运用此法则分析服装的造型美，并举实例说明。

第三章　服装美的表现形式

- 第一节　服装表演
- 第二节　服装的流行
- 第三节　服装品牌

学习目标

1. 了解服装表演的起源。
2. 掌握服装表演的历史演变过程。

第一节　服装表演

一、服装表演的历史

1. 西方服装表演历史

在古代西方社会，用一种叫做“玩偶”的人体模型来展示服装效果。16世纪，来自凡尔赛的法国服装设计师罗斯·贝尔坦（Rose Bertin）最先在商业性设计中使用了人造模特，为了在欧洲广泛地宣传自己的作品，她把服装和人造模特一起送给顾客。模特的出现使服装艺术有了立体展示方式。

历史上第一位有记载的女时装模特叫玛丽·韦尔特·沃斯（Marie Vernet Worth），她是英国人，容貌漂亮，体形完美，年轻时在一家服装店里当营业员，店主是19世纪中叶英国著名的服装设计师查理斯·沃斯（Charles Worth）。1845年的一天，沃斯指挥玛丽披上店里的披肩，向顾客展示商品的审美效果，这是有史以来的第一次服装表演。玛丽后来嫁给了沃斯，从1852年开始，她就带领店中的女营业员有组织地表演丈夫的作品。1858年，沃斯的服装沙龙里出现了专职模特，选用身材与相貌标准的真人作模特，推动了服装艺术的发展。

1914年，芝加哥举办了美国首次服装表演，这个城市是当时北美的服装工业中心，此次活动盛况空前，被称为“世界最大系列表演”，显示了新兴资本主义国家后来居上的实力。主办者雇佣了100名模特，向5000名观众展示250套时装，服装数量不算多，但是模特阵容庞大。这次服装表演被拍成了电影，在全国各地上映，产生了广泛的社会影响。服装表演的启蒙时期长达80年左右，从19世纪40年代到20世纪20年代，服装表演才由一种偶然的推销行为发展为相对独立的职业，有了程式化的展示方式，有了比较确定的社会需求，有了相对稳定的表演队伍。

法国20世纪20年代的著名设计师让·帕图（Jean Patou）雇佣了一些高雅、聪明的女孩子在巴黎的服装沙龙里进行表演，被具有宫廷文化传统，以典雅为宗的法国社会所接受。让·帕图将服装设计与表演构思结合起来，体现着贵族情趣，使商业气息浓重和文化特点鲜明的服装表演从此有了艺术身份。1926年，让·帕图从美国带回了6名姑娘，指导她们与法国模特同台演出，这些北美女性天生丽质，动作自由奔放，大方洒脱，充满活力，代表着新时代都市青年文化的风格，给比较保守的欧洲世界以不小的刺激，人们开始重新审视表演的价值，发现它们是时代审美潮流的晴雨表，影响远远超出了服装行业本身。模特的文化地位得到社会认可以后，她们也不再仅仅是服装设计师工作室里的辅助人员，而有了自己的行业机构，世界上第一个专业模特代理公司是约翰·罗伯特·鲍尔斯（John Robert Powers）1928年在纽约建立的。他原来是一名演员，最初利用自己熟悉的关系，召集一些女演员，甚至女明星来捧场，她们的自身条件很好，影响很大。随着现代商业广告业的发展，模特这一行越来越热，并且开始充分专业化了。1938年，鲍尔斯属下的模特哈里·康诺弗（Harry Conover）建立了自己的模特机构，并实行了担保人制度，付给模特固定工资，演出酬金另算，使得这一职业更加稳定。

世界上第一个超级模特儿名叫崔姬（Twiggy）。虽然在崔姬以前也有一些著名的模特儿，如20世纪50年代的Shirley、Susie、Parker等，她们衣着时髦，也曾是时尚女孩儿崇拜的偶像，但她们中的任何一个都无法与崔姬相比。崔姬是20世纪60～70年代最为走红的模特儿，也是模特儿职业问世以来的第一个超级名模。她身材瘦小，有着男孩子般的身躯，短发，迷你式裙装和强调大眼睛的化妆，在当时的社会中形成了一种崔姬风貌。崔姬作为20世纪60年代时尚的典型代表，影响力非常大，人们提起崔姬，就自然会联想起那个动荡的年代。崔姬原本是一个普通而平凡的女孩儿，但它最早演绎了模特儿业灰姑娘的故事。崔姬走红后，很多女孩儿都在模仿她的瘦削体态，甚至为了追求苗条而过度节食，这种厌食症被称为崔姬症。崔姬后来开办了自己的时装设计公司，就不再做模特儿了，但她的名字连同那段历史留在了史册上，在她的影响下，一批又一批姑娘在T型台上从平凡走向超模。人们记住崔姬的名字，是因为她将这个行业带入了一个全新的领域。

服装表演是一种服装模特在特定场地通过走台等动作，在观众面前进行的以展示服装、服饰品为主要内容的、具有美感的活动。服装模特是服装表演的主要要素之一。服装表演是一种高水平的非语言沟通形式，它通过服装、音乐舞台美术、人体语言来展示服装内涵。在表演过程中最主要的因素是人体语言。所以说，服装模特要具有一定的表现力，充分表现出设计师的情感、智慧和梦幻。不同款式的服装要用不同的表现方法，要根据服装设计师的设计理念来确定。晚礼服高贵典雅，服装模特应表现出端庄的气质。牛仔装自由随意，服装模特应表现出无拘无束的特点。一台服装表演的效果如何，在很大程度上取决于模特的综合素质（见图3-1、图3-2）。

▲　图3-1　现场时装表演（一）

▲　图3-2　现场时装表演（二）

2. 中国服装表演历史

（1）20世纪30年代早期的服装表演

服装表演作为一种社会经济文化发展的产物，在中国最早出现于纺织工业发达的上海。新中国成立后，一直到20世纪70年代末，未曾见过有关服装表演的报道。在当时也没有专业的服装模特儿，但有用真人进行的服装展示，有相当于服装模特儿的“时装表演员”。总之，从新中国成立后到改革开放前，是中国服装表演的低谷期。

（2）新中国服装表演的萌芽期

1979年，皮尔·卡丹带了8名法国模特儿和4名日本模特儿到北京和上海举行服装发布会，这是新中国的第一次服装表演。皮尔·卡丹不仅带给中国人民服装的概念，也带给中国人民服装表演的观念。在当时的中国举行服装表演是需要勇气的。即使是这样，演出也很困难，只限于“内部观摩”，并严格对号入座，票不能转让。这是服装表演业在中国的开始。

1980年由上海时装公司率先成立了新中国的第一支服装表演队。诞生了新中国第一批专业服装模特儿。1981年2月，新中国第一支服装表演队在上海电影院举行了首场演出的彩排，这是新中国服装表演史上第一场全部由中国人组成、训练、提供服装，并全部由中国自己的模特儿登台的服装表演。 1981年11月，由皮尔·卡丹筹备在北京饭店举行。除了皮尔·卡丹带来的2名外国模特儿外，表演的其余十几名模特儿都是中国人，这是中国历史上第一次公开的国际性服装表演。

（3）服装表演从存在到合法化

20世纪80年代，由于改革开放的深入和人们对服装表演的不断认识，中国的服装表演获得了飞速的发展。由于外国服装专家的授课培训和服装模特儿的公开招聘，形成了职业模特儿产生的宝塔形筛选制，再加上各种形式的国内外模特儿交流演出，中国模特儿的身材和表演水平获得了总体的上升。

二、服装表演的形式

服装表演是一门综合性的艺术，它既是服装文化的衍生行业，又是独立欣赏的艺术门类。服装表演就是着衣人体的活动。随着纺织服装业的发展，人们的穿衣水平不断提高，作为引导服装发展潮流、发布服装流行趋势、指导人们服装穿着理念的服装表演艺术，成为我们较为熟悉的词汇，并且通过各种媒体频繁地出现。

目前国际上流行的时装表演大体分为两大流派：一是抽象派，主要强调服饰艺术价值，多用夸张手法来演示服装形体的美；二是现实派，表演什么时装，市场上就出售什么服装。

现代服装表演可分为两大类：一类是流行导向型表演，另一类是商业性销售表演。

1. 流行导向型表演

流行导向型表演是指每个流行期收集由高级时装店的设计师创作发表的作品发布会。这种发布会通常每年举行两次，每次都在巴黎、米兰、纽约、东京等地的T型台上，汇集来自世界各地的著名设计师的新作，并通过成衣商、服装评论家、新闻记者等迅速向世界各地报道和传播，以形成新的服装流行趋势，同时又通过每年两次的成衣博览会，进一步推广和扩大服装的这种流行趋势。

2. 商业性销售表演

商业的销售，原意是流行的展示或发布会，它是以推销服装产品为目的举行的商业性的服装表演。其展示地点多在产品的销售现场或租用的有关场所，主要是将服装的造型特征、穿着对象及服用功能等，明确清晰地展示给消费者，以此来引起消费，促进服装的流行与生产。

服装表演是服装促销的一种重要形式，服装模特是为了适应时装表演的需求而产生的。模特表演要对时装、音乐有充分理解,还要通过脸部的表情把内心的体会表现出来。要充分理解时装的内涵,并且要懂得如何用表情把时装内容表现出来。

模特的脸部表情大体分为两类，一类是热表情，另一类是冷表情。所谓热表情是指面带笑容的愉悦的表情，冷表情是指脸上不露笑容给人以“酷”、“另类”感觉的表情，热表情是在时装表演中使用率较高的一类表情，它亲切适度的笑容受到了观众的欢迎,常适用于职业休闲、运动装等实用类时装的表演中。笑容又可分为不同境界,如微笑中分温柔甜美的、活泼可爱的、朦胧梦幻的、性感诱惑的和含情脉脉的。这些表情同时需要眼神、肢体等其他部位配合完成。嘴唇微张的笑容也可表现出高贵矜持、天真无邪或性感妩媚。根据这些不同种类,让模特逐一体会训练,从简单的到复杂的,并让模特从一种表情转换到另一种表情,训练其表情变化的速度,以适应模特频繁换装后表情的变化。

冷表情起源于20世纪80年代以后,在素有“浪漫之都”的法国巴黎,时装摄影棚和表演舞台上率先兴起一股难以抵御之风:模特们不再微笑。接下来各类时装、时尚杂志也纷纷“闻风”而动,顿时甜蜜的笑脸一扫而光,完全被冷峻庄重的面容取代。直到今天,此风依然。冷表情一般常用于时尚前卫的艺术类时装。冷漠的表情使观众产生高于生活的距离感,增加了时装的神秘性。冷表情虽不是面带笑容但也绝不是沮丧、生气等痛苦的表情。冷表情应使面部肌肉保持平静,并略带紧绷感。时装模特不再希望那些只会傻笑的漂亮“花瓶”充当她们的化身,而是趋于宁静、安然，表情更加内向、凝重。因为这时的表情显得清纯,容易抓到每个模特所固有的特点。

第二节　服装的流行

一、服装流行的含义

服装的流行实际上就是信息元素原始内涵的流行,即信息元素集合的流行。将信息元素的集合,在其运行时间范围内（流行的时间周期）加以借鉴发挥、排列组合、灵活应用,创作、开发出充满无限创意、符合时代大众需求、富有生命力的各种时尚产品。

流行是一种客观的社会现象，它反映了人们日常生活中某一时期内的共同的、一致的兴趣和爱好，它所涉及的内容相当广泛，不仅有人类实际生活领域的流行（包括服装、建筑、音乐等），而且在人类的思想观念、宗教信仰等意识形态领域也存在流行，但在众多的流行现象中，与人密切相关的服装总是占有最显著的地位，它不仅是一种物质生活的流动、变迁和发展，而且反映了人们世界观和价值观的转变，成为人类社会文化的一个重要组成部分。

服装的流行是服装的文化倾向，通过一些具体服装款式的普及形成潮流。这种流行倾向一旦确定，就会在一定范围内被较多的人所接受。服装流行的式样具体表现在它的款式、材料、色彩、图案、纹样、装饰、工艺以及穿着方式等方面，并且由此形成各种不同的着装风格。一般服装流行的要素主要有以下几方面：服装款式的流行倾向，主要是指服装的外形轮廓和主要部位的外观设计特征等；服装面料的流行倾向，是指面料所采用的原料成分、织造方法、织造结构和外观效果；服装色彩的流行倾向，是指在报纸杂志上公布的权威预测，并在一定的时间和空间范围内，受人们欢迎的色彩；服装纹样流行倾向，是指服装图案的风格、形式、表现技法，如人物、动物、花卉、风景、抽象图案、几何图案等；服装的工艺装饰流行倾向，是指在不同时期采用的一些新的车缉明线的方法，还有开衩、印花等方法，这些元素都会随着流行而变化。

流行的服装能使人产生一种新鲜感和愉悦感，一件流行的时装往往能卖出超值的价格，同样的商品人们也是购买流行色彩及款式。流行趋势设计手稿的出现，将抽象的分散的流行趋势与具体的服装元素充分结合，为服装行业人士提供了系统的直观的对流行趋势的参照，并越来越多地受到服装企业及设计师的欢迎。

二、服装流行的特点

1. 服装流行的时间性

（1）流行的时空性

服装的流行联系着一定的时空观念，时间与空间都有它们的相对性。在同一空间里要考察时间的长短；在同一时间里也要辨别空间的异同。因此，服装必然有它强烈的时效性。因为“新”在流行的过程中是最具有诱惑力的字眼，流行只有在“新”的视觉冲击中才能保持旺盛的生命力。服装更新得越快，它的时效就越短。从法国服装中心几十年来展示的服装中可以看到风格的突变：曾经是色彩灰暗、宽松的服装流行全球，继而便是金光闪闪、珠光宝气、缀满装饰物的服装充实市场；喇叭裤虽然以挺拔优美的气质独领风骚许多年，但仍无力抵挡流行的浪潮，终被宽松的“萝卜裤”占先，紧接着又出现了直筒裤、高腰裤以及实用而优雅的宽口裤、九分裤、七分裤等。服装款式的变化、花样翻新令人目不暇接。近年来，就连人们认为变化比较稳定的男装，也因流行潮流的冲击在不断地变化。因此，只有把握流行时间的长短和空间的范围，才能保证服装流行的效应。

（2）流行的周期性

服装流行在经历了其萌芽、成熟、衰退的过程，退出流行舞台后，又会反复出现在流行中，即为流行的周期性。流行的周期循环间隔时间的长短在于它的变化内涵，凡是质变的，间隔时间长；凡是量变的，间隔时间相对会短一些。所谓质变，是指一种设计格调的循环变迁。一种服装款式新颖，可能流行一年、两年也就过时了，但它仍旧还是一种格调，只不过不再是一种流行款式而已；但若干年后，它又会以新的面貌出现。人类对于服装特征的独立研究表明，某种服饰风格或模式趋向于十分有规律的周期性重现。时尚周期的另一尺度与“循环周期”的原则有关，即一定时期的循环再现，也就是服饰格调的周期循环。人类不同的历史文化背景、观念意识，对审美的影响是深刻的。当代是人类个性自由充分发展的时代，人们的审美千差万别，一些历史的审美观往往以新的形式复活，服装的周期性循环正好说明了这一点。流行本身就是一个动态的概念，是指在一定时间内流传普及某种行为意识的现象。其中，服装流行由于服装自身的属性和特点，使得其流行周期所经历的时间有限，而且随着社会经济的发展和人们审美意识的更新，服装流行更换的频率也逐步提高。

2. 服装流行的过程

服装流行的过程可以分为三个阶段。

（1）流行的初级阶段

此阶段往往只有少数人接受，这些人热衷于探索前所未有的新的不同点，喜欢标新立异，展示自己的个性，认为穿着只有在“与众不同”的情况下才能真正体现它的价值，才能够宣扬和突出自我。在现代人的心目中，个性化地走在流行的前端远比跟随流行来得重要。就像现在的年轻人，它们不喜欢普通人衣着的世俗限制，把目光投向传统约束较少的亚文化群落，并在潜移默化中影响而造就着新一轮的流行。

（2）流行的发展高涨阶段

当新的流行渐渐地被更多的人接受时，另一类则极力要求大众化，尽量保持与他人的统一性，这种趋向使他们迅速地加入到流行行列中来，以获得时代的安全感。由此可见，流行对于现代人来说很重要。

（3）流行的衰亡阶段

当一种流行被大众参与普及后，就失去了该流行的新鲜感和刺激性，使人们对此流行失去了兴趣，而与此同时，新的流行又在寻机勃发，迫使原有的流行退出时尚舞台。

3. 流行的循环式变化规律

服装流行的循环式变化规律是指一种流行的服装款式被逐渐淘汰后，经过一段时间又会重复出现大体相似的款式，所谓“长久必短，宽久必窄”，说的就是这个规律。但这种流行的方式是在原有的特征下不断地深化和加强，使流行的变化渐进地发展。这种循环再现无论是在服装造型焦点上，色彩运用技巧上，还是服装材料使用上，与以前相比都有明显的质的飞跃，它必然带有鲜明时代的特征，运用更多现时的人文、科技发展的结果，必然更易被社会所接纳。

（1）流行的渐进式变化规律

服装流行的渐进式变化规律是指有序渐进的意思。流行的开始常常是有预兆的，它主要是经新闻媒介传播、由世界时尚中心发布的最新时装信息，对一些从事服装业的专业人员形成引导作用，导致新颖服装的产生。最初穿着流行服装的毕竟是少数人，这些人大多具有超前意识或是演艺界的人士。随着人们模仿心理和从众心理的加强，再加上厂家的批量生产和商家的大肆宣传，穿着的人群越来越多，这时流行已经进入发展并盛行的阶段。当流行达到了顶峰时，时装的新鲜感、时髦感便会逐渐消失，这就预示着本次流行即将告终，下一轮流行即将开始。总之，服装的流行随着时间的推移，都经历着发生、发展、高潮、衰亡阶段，它既不会突然发展起来，也不会突然消失。

（2）衰败式变化规律

衰败式变化规律是指上一个流行的盛行期和下一个流行蓄势待发的结合点。服装产业为了增加某种产品的获利，在流行的一定阶段会采取一些延长产品衰败性存在时间的措施，同时又在忙碌着为满足人们再次萌生的猎奇求新心理创造新一轮流行的视点。

流行具有积极的作用，可以满足人们的需要，消除抑郁、焦虑，维持心理平衡；可促进社会不断出现新事物、新观念，从而促进社会进步，使社会保持良好秩序和活力。

三、服装流行的因素

流行的产生是有脉络可寻的，并不是凭空想象出来的，任何一款与社会脱节的服装都是难以生存的。所以流行会受到人为因素、社会经济状况、自然因素、文化背景、国际重大事件等因素的影响。如果设计服装时脱离了这些因素，只是一味地以主观设计为主，那么所设计出的服装是不会成为一种流行的。

1. 人为因素

主要来源于人们喜新厌旧的心理、攀比心理和从众心理。喜新厌旧是人们在生活中的一种心态。抛弃旧的，追求新的，这种愿望在服装中表现得尤为突出。当一种新的服装出现时，一些勇于尝试的人，在喜新厌旧的心理驱动下首先走入潮流的前端，成为新流行的创造者，这种心理因素促使服装流行不断地推陈出新。随后，这种服装被人们认为是一种流行，不穿着它的人自感落伍，于是在攀比心理的指使下，穿着它的人会越来越多。从而在一定的时间和一定的地域内，有相当比例的人加入流行的行列，这时，一部分人墨守成规，对服饰缺乏主见和自信心，常常采取随大流的从众方式。这种盲目的从众心理使流行向更大范围扩展，成为推动流行发展的主力军。

2. 社会经济状况

服装流行的现状可以反映出一个国家的经济状况，在服装流行蔓延、传播的过程中，社会的经济实力起着直接的支撑作用。当社会经济发展不景气时，人们的精力就会放在民生方面，大家只有解决吃住后，才会对穿着有要求，否则只要穿暖就足够了。至于款式、颜色都不会被人们所关注，更不用说考虑流行与否了，这时的服装业就会出现萎缩，服装的造型变化就会减缓，甚至停滞不前。相反，社会经济繁荣昌盛，人们的生活水平不断提高，与此同时，人们对着装需要更多更新的变化，首当其冲的便是对自身的修饰，人们会对服装提出新的要求，服装便会不断地出新、出异，于是会出现与时代相适应的新的潮流，呈现出服装流行的繁荣景象。

3. 自然因素

主要包括地域和天气两个方面。地域的不同和自然环境的不同，使得各地的服装形成并保持了各自的特色。在服装流行的过程中，地域的差别或多或少地会影响流行。偏远地区人们的穿着和大城市里服装的流行总会有一定的差距，而这种差距随着距离的靠近递减。这种现象被称之为“流行时空差”。不同地区、不同国家人们的生存环境不同，风俗习惯也不同，导致人们的接受能力有一定的差别，观念和审美也会有一些差异。而一个地区固有的气候，形成了这个地区适应这种气候的服装风格。当气候发生变化时，服装也将随之发生变化。

4. 社会文化背景

生活中服装的流行是随着时代的变迁而变化的，不同时代的流行，都是与不同社会文化背景下人们的生活习惯、宗教信仰、审美观念等相契合的。例如生产童装的设计师就要学会看动画片，要知道这个时期最流行的动画片是什么，孩子们最喜欢的卡通人物又是谁，只有把童装和生活有机地结合起来，才能设计出孩子们喜欢的流行童装，才能产生好的经济效益。

5. 社会重大事件

社会重大事件的发生往往被流行的创造者作为流行的灵感。很多国际上的重大事件都有较强的影响力，能够引起人们的关注。如果服装中能够巧妙地运用事件中的元素，就很容易引起共鸣，产生流行的效应。例如2008年北京奥运会的成功举办，很多相关元素成为服装设计师的灵感的来源，运动服装很快流行起来。

第三节　服装品牌

一、服装品牌的概念

品牌是一个名称、标记、符号、图案设计或它们的组合，其目的是识别某个企业的产品，并同其他企业的名称相互区别。在一定程度上是消费者根据不同的需求去选择不同商品或服务的凭证和依据，具有便于消费者识别的功能。

品牌由两部分组成：品牌名称和品牌标识。品牌名称是指品牌中可以用语言称谓表达的部分；品牌标识是指品牌中可以识别但念不出声的那一部分，如符号、设计别具一格的色彩或字母。

品牌是一种文化现象，也是市场竞争的强有力手段。优秀的品牌具有良好文化底蕴，消费者购买产品，不仅只是选择了产品的功效和质量，也选择了产品的文化品位。在品牌的塑造过程中，文化起着凝聚和催化的作用，使品牌更有内涵；品牌的文化内涵是提升品牌附加值、产品竞争力的原动力。品牌是文化的载体，文化是凝结在品牌上的企业精华，也是对渗透在品牌经营全过程中的理念、意志、行为规范和团队风格的体现。

二、服装品牌内容

1. 品牌的种类

成衣品牌可以分为制造商品牌、销售品牌和特许品牌。从品牌的流通状况和运作方式的区别来看，又可分为六个类别。

① 国际品牌　是指具有广泛的国际声誉和深远的影响力，在许多国家设有销售点的品牌，如香奈儿等。

② 特许品牌　指通过与知名的企业合作，获得其授权生产、经营许可的品牌。如在中国生产销售的皮尔・卡丹的西服等都是经过特许授权的。

③ 设计师品牌　设计师品牌是以创牌设计师的名字作为品牌的名称，强调设计师的个人声望，使品牌的个性风格更为张扬，以吸引特定的消费群体。

④ 商品群品牌　此品牌是有服装企业生产经营的商品群，在全国建有广泛而稳固的销售网络的品牌，如雅戈尔、三枪等品牌。

⑤ 零售商品牌　是指大型的零售企业拥有的且由特定零售渠道所经营的品牌。

⑥ 店家品牌　是指一些规模较小的零售商店经营的品牌，通常是指前店后厂式的、深受顾客欢迎的服装设计工作室。

2. 品牌认知

品牌认知是指消费者识别出或回忆出某类产品中某一品牌的能力。品牌认知可分为对品牌无意识、品牌识别、品牌记忆、品牌深刻四个层次。品牌无意识就是消费者对某一品牌无印象，也许是从未接触过，或者是接触后遗忘，经提示后也想不起；品牌识别是指品牌在消费者脑海中有不明确或粗略印象，能够经提示想起品牌名称或标志，但说不出品牌产品的属性；品牌记忆是消费者在不经提示下能够忆起识别某品牌；品牌深刻是消费者不经提示能够忆起某类产品的品牌。认知达到深刻的程度，消费者对某类产品有较强烈的偏好，进而形成一定的品牌忠诚。

3. 品牌定位

（1）品牌定位的概念

品牌定位是指对产品属性、消费对象、销售手段和品牌形象等内容的确定和划分，寻找和构筑适合品牌生存的时间和空间。时间是指产品体系切入市场的时机，是品牌诞生的机会因素。空间是指产品体系切入市场的地区，是品牌推广的区域因素，即消费基础因素。

（2）品牌定位的目的

品牌定位策略的目的是获取竞争优势。市场细分和评估细分的过程也就是认识和选择企业竞争优势的过程，但这种竞争优势不会自动在市场上显示出来，企业要借助于各种手段和策略将之表现出来，这个过程就是企业运用品牌定位策略的过程。

一个企业做什么产品，及产品的风格是什么，在创立之前就应该有一个完整的企划。通过对市场及目标消费群体的调查，摸清消费的需求点，找出市场空当儿来进行企业的产品定位及品牌定位。

4. 品牌定位的重要性

（1）品牌定位的准确与否直接关系到品牌的命运

有些企业没有重视品牌定位的重要性，在市场运作的过程中看到某些销售亮点就随性地跟从，造成企业产品及品牌定位模糊和错位，消费者并不认同，造成投资失败，浪费了大量的人力物力。

（2）品牌定位报告决定投资总额和使用比例

品牌的实际动作是要根据品牌定位报告来进行的，投资过大，会造成资金闲置或费用失控，造成资金浪费，投资过小，会造成资金短缺。

（3）品牌定位是品牌发展的方向和准则

确定品牌的风格，就要在一定的时间内相对稳定，如果动作过程中产生了问题，只能作出局部或细节完善，不能随意地进行根本性的变化。

5. 品牌的经营与维护

品牌的经营与维护是指品牌管理者在具体的营销活动中所采取的一系列维护品牌形象、保护品牌市场地位的活动。品牌经营者应以市场为中心，满足消费者的需求。维持高质量的品牌形象，产品是品牌的实体，质量是产品的核心。

（1）品牌产品应以市场为中心满足消费者需求

名牌不是永恒的，市场竞争是残酷的，一些默默无闻的商品一夜之间走俏市场，成为名牌商品，而一些知晓度高的品牌则悄无声息地走向衰落期。品牌经营者应以市场为中心，满足消费者的需求。品牌的保护与消费者的需求兴趣偏好密切相关。如果品牌不随消费需求的变化而作相应的调整，品牌就会被市场无情地淘汰。

（2）维持高质量的品牌形象并且保持特色不断创新

产品是品牌的实体，质量是产品的核心。品牌本质是质量的承诺，树立品牌忠诚需要产品具有高的质量水平。品牌忠诚与品牌认知不同，品牌认知是消费者即使从未使用该品牌产品，也可获得品牌特性的认识，而品牌忠诚是指出于质量、价格等诸多因素的影响，是消费者对某一产品产生感情，形成偏爱并长期重复购买该产品的行为。提高品牌知晓度时，需要树立高质量形象，保持品牌的市场份额更需要维持或提高产品质量。同时品牌产品要有鲜明的特色和独具的价值。国际名牌无一不是依靠自己的个性特色立足于世界市场的。对于服装来说，就是产品在设计风格方面有鲜明的特色，并符合消费者的审美标准，顺应时代潮流。只有不断创新而且体现时代感的品牌在竞争中才能够长盛不衰。

品牌理念是品牌识别系统的精神内涵，是一切品牌识别系统构建活动的理念指导。包涵品牌核心价值、品牌定位、品牌个性等要素；管理系统是服饰企业经营运作的基础与保证体系，服饰企业竞争战略、组织建设、人力资源开发、制度建设、店铺的连锁经营、店铺安全管理等内容构成了现代服饰企业内部的基础性管理工作。

三、服装品牌的销售

服装品牌的销售一定要采取科学、全面和有效的市场营销策略。营销策略是一个创造性的思维活动过程，决定着市场营销的效果，在实践中必须遵循其客观规律性，把握基本原则，才能搞好市场营销、品牌销售。

1. 市场定位策略

所谓市场定位，就是指顾客对于某种产品属性的重视程度，给本企业的产品确定一个市场位置，让它在特定的时间、地点，对某一阶层的消费者出售。目的在于为自己的产品创造和培养一定的特色，富有鲜明的个性，树立独特的市场形象，满足消费者的需要。

2. 产品价格策略

价格策略是企业市场营销策略的重要组成部分，价格是影响市场需求和顾客选购行为的决定性因素之一，它与产品销路、企业利润、市场竞争密切相关，制定产品的价格既要考虑到企业自身的要求（成本补偿、利润水平等），又要考虑买主对价格的理解和接受能力。

3. 广告宣传策略

提高品牌及其商标知名度，塑造名牌企业形象，必须增强广告宣传意识，加大广告宣传力度和投入，将品牌推向大众，使销量节节上升，品牌的知名度、市场占有率会不断扩大。

服装企业在建设品牌的过程中，要将文化渗透到各方面，创建品牌的过程就是文化的渗透和展示过程，是对渗透在品牌经营全过程中的理念、意志、行为规范和团队风格的体现过程。企业文化是全体员工齐心协力的结果，是整个企业的文化体现。它旨在创造一个能充分发挥企业员工积极性、创造性以及和谐的企业文化氛围。并且通过物化的形式来传达给消费者，使消费者在认同该企业文化的同时认同该品牌。企业文化主要包括企业价值观、行为准则、道德规范、员工的责任感及荣誉感等内容。企业文化一经形成，就指导规定着企业的产品、营销、服务、广告、对内对外的关系。

企业文化是企业理念中基本因素的深层因素，它决定着企业的价值观，是企业各方面的指针。企业文化展示着品牌和企业形象。服装是一种表现文化和艺术的方式。在服装行业，设计师本身的文化内涵及品位倾向就是一种影响服装营销的因素。设计师自身的文化内涵和审美决定了他们的设计风格。一是风格，是隐性的，熟谙它需要一定的经验，二是品味，是它的附加值所展现的文化内涵，即这个品牌的承载者所显示的社会属性，以及他的职业地位、身份等级和消费阶层。

品牌的活力就建立在消费者的这种文化品位认同满足的基础上。品牌的文化内涵正是商家召唤消费者、与消费者对话的媒体，消费者通过对品牌文化的欣赏而获得进入一种文化氛围的满足。要准确地表达出消费者的心声，与目标消费者共鸣，同时要与竞争对手相区别，只有差异化的品牌文化才有价值。这也是由消费者对个性和社会归属的双重追求所决定的。对服装品牌文化，我们也应该讲“定位”，从文化的角度塑造品牌个性，战略应从大众转向分众和小众定位。将品牌自有文化与中国的消费文化很好地结合。从内涵上强化品牌的质地和品位，并推崇民族文化，从中汲取设计灵感。每个品牌的生命力都取决于经营者的眼光和创造力。及时更新产品力、品牌力和经营理念，为品牌赋予与之相匹配的文化内涵，并通过专业人才对品牌的内涵不断地进行深入挖掘，品牌的生命力才可能持久。

思考与练习

1. 了解服装表演的历史，找出其中的代表人物，并分析他们所作的贡献。
2. 结合当前的流行趋势，分析服装流行的特点。
3. 掌握服装品牌的内容和品牌销售策略，并举实例来详细分析。

第四章　服装美学的美感与心理

● 第一节　服装心理学基本理论
● 第二节　服装美感与心理

学习目标

1. 了解服装心理学相关的基本理论。

2. 掌握服装美感与心理的产生和特点。

第一节　服装心理学基本理论

一、服装心理学的研究对象

服装心理学是研究人类服装行为中心的发生和发展规律的科学。基本特点是心理学，即用心理学的原理及心理的发生和发展规律来解释服装的行为，研究方向指向服装行为研究，目标是揭示服装行为中心的发生和发展的规律。

服装从广义上讲是指人为地加在皮肤上的东西，服装是反映人的心理活动和心理现象的东西，带有极强的个人意志。狭义的服装是指我们平时所穿的衣服。服装行为是服装心理的外化形式或表现形式，个体的服装行为是当时的心理特征或心理状态的表现。而群体的服装行为则带有社会心理的属性，只有人的行为以服装为背景或手段才能称其为服装的行为。服装的行为可以是人的内部的心理过程，也可以是外部显现的过程。

服装心理学的研究对象具有广泛性和复杂性，从研究途径来分，有服装行为的心理反映和一定心理状态下的服装行为的表现。从研究的开放性来说，则有对服装的技能、服装的认知、服装的动机、服装的情感表现、服装的认同、服装的爱好、服装的个性的体现等服装的心理活动过程和服装的心理特征。从研究的手段上划分，如服装的感知、服装的学习、服装的心理结构等。从研究对象上划分，依存于对象的年龄、职业、性别等，有不同年龄段的人的服装心理现象及心理活动的规律等。

从服装心理学角度看，结合影响服装行为的众多因素，服装行为表现一种综合价值。一个行为，首先取决于外在刺激（外因），即外部环境的各种因素，服装行为的外因是复杂多变的；外因对人的心理产生影响，个体以不同的心理状态或心理过程（也可称为内因）给外因以反应，对外界刺激给予不同模式和水平的加工并在行为中表现出来。

服装的行为是服装心理的外化形式或表现形式，个体的服装行为是当时的心理特征或心理状态的表现。而群体的服装行为则带有社会心理的属性，只有人的行为以服装为背景或手段才可能称其为服装行为。服装行为可以是人的内部的心理过程，也可以是外部的显现过程。例如：一个年轻人去公司面试，其服装行为的内部心理过程是对服装的选择、评价及决定过程中进行的心理过程和相应情感的体验，而外部的服装行为则表现为努力与该公司服装的准则一致，如西装革履或职业装。服装的行为除了穿着之外，也包括与服装有关的一系列心理参与的活动，如设计、制作、选择、服装评价、服装表演等。

二、服装心理学的意义

1. 人文主义的现实反映

人文主义是一种指导人行为的思想，主张关心人的价值与尊严，反对一切压制和贬低人性的论调，讲究现实主义的人道。现代的服装只有人文主义和文化主义和谐，才是有生命力的服装。如希腊风格的服装和中国唐代的服装都是两者结合的最佳表现。

2. 增强服装行为的自主性

表现在人们对于服装行为的理解，对服装的评价可以自主地寻找线索。服装心理学可以为设计和制作服装提供理论上的指导，在服装面料的选择上，要想增加目的性和实用性，需要心理学知识和手段。如内衣的设计，面料既要符合生理的条件，如面料要柔软舒适，也要符合相应的心理的条件，达到心理的满意度。

3. 掌握服装对心理的调节作用

服装是人的心理的外观，服装可以作为一种媒介，使个人获得他想要的、别人在别的情况下所不易表达出来的对他的评价。服装可以调节人的心理状态，可以调节自我，调节他人的心理状态。再漂亮的人如果对自己的服装行为缺乏自信，再美的衣服也只像挂在衣架上，体现不出应有的美来。服装色彩对人的心理具有影响作用，选择使用适当的颜色创造某种色彩气氛，使人产生相应的心理反应以达到调节情绪的目的。如：体育竞赛中，运动员们的色彩鲜艳、富有动感的服装色彩既能激发自己的情绪也能感染观众；室内家居服多采用淡雅、柔和的色彩，创造温馨和谐的家居色彩，让心情平淡安逸。日常生活中，女性对服饰的选择，会受到心情的影响，但更多的是由个性决定的。个性活泼的人，多会选择亮色系的服饰。当你紧张疲惫时可以多穿适合自己的白、蓝、紫、绿色衣服放松心情，当你情绪低落时

▲　图4-1　自信的着装状态

▲　图4-2　挂在衣架上的服装

▲ 图4-3 穿在人体模特上的服装展示

可多用适合自己的红、橙、黄、粉色等积极向上的颜色调节心情。红色通常代表热情，而红色也是最具生命力的颜色。当一个人进入四面墙壁都涂满红色的房间后，血压会升高，这是因为红色可以促进血液循环。因此人们可以通过穿着不同颜色的服装来起到愉悦心情、调适心境的作用（见图4-1～图4-3）。

4. 服装心理学的理论意义

可以丰富和发展心理学本身，为服装作理论的指导，对相关的学科具有指导的作用。

三、服装行为与社会心理

1. 服装行为与社会关系

服装行为分为社会性和个性两个方面，为了促进人和人之间的交往，就要对各式各样的服装所包裹起来的人进行一定的估计，明确别人对自己的意义。个人在社会中成长，由自然人转换为社会人的社会化过程中，服装也起了一定的作用。每个人在社会中担当多个角色，完成一定的社会功能，成为社会角色。

社会关系是人们在共同活动中形成的彼此之间的关系，包括经济、政治、法律、宗教关系等，其中，人际心理关系是最重要的。

2. 人际心理关系

人和人之间的感情概括为两大类，一类是人们之间相亲相近的关系，表现为相互吸引，如喜欢、接纳、赞同等；另一类是相互疏远的关系，如讨厌、反对、排斥等。人际心理关系就是人与人之间相互喜欢和相互厌烦的感情关系。人际心理关系是人们在社会生存中的一种需要，应该利用服装来营造良好的人际心理关系，对于人际心理关系和与服装行为关系的理解，可以借助了解别人，分析别人对我们可能的态度，为深入交往提供信息。良好的人际心理关系可以提高团体的工作效率，良好的人际关系也是个性形成和发展必不可少的媒介，人际心理关系与人的心理健康关系密切，可以利用服装作媒介，促进良好关系的形成。

3. 群体心理与服装的行为

（1）群体

是指具有某些共同社会心理特征的人的共同体，是人们相互作用的产物。

群体的分类如下。

① 假设群体和现实群体　假设群体是为了科研的需要，人为地将某些具有相同社会心理特征的人组合在一起而形成的群体。现实群体是指存在于特定的时空范围中，成员之间具有现实的相互联系的群体，如部队的连、排，学校的班级，同一公司、同一班组等。

② 实验的群体和自然的群体　实验的群体是指在实验条件下的临时分组，而自然群体是指在自然生活状态中实际存在的群体。

③ 大群体和小群体　大群体是指人数众多的、成员之间的接触带有间接性质的群体。小群体是指人数较少的、成员之间有直接联系的群体。

（2）无组织大群体心理

无组织大群体是指由于某种原因偶然聚集在一起的群体。如体育场里的观众、展览会里的人们、露天舞台表演的围观者等。这种群体具有偶然性、无组织性、临时性、短暂性的特点。群体之间一般有三种作用方式：暗示、感染、模仿。

① 暗示　是指一个人对别人或对群体成员的有目的却又不加说明论证的影响方式。

② 感染　是指一个人不自觉不由自主地受到别人情绪的影响，并使这一情绪蔓延到其他群体中的成员。

③ 模仿　是对别人言论、行为的简单复制，是对别人行为的重复。

（3）有组织大群体心理

是指在一定历史条件下形成的，在较长时期存在的，比较稳定的大群体，包括民族、职业群体、年龄群体、宗教群体等。

（4）小群体心理

又称团体，是指人数较少的成员间有直接联系的群体。团体是大群体的一部分，是大群体与个人之间的纽带。

（5）团体对个体的影响

① 从众　指个人由于受到团体的压力，在知觉、判断、动作等方面做出的与众人趋于一致的行为。从众是个人自愿自行选择的，比如流行，流行不会从人们生活中消失，是因为人们对新事物的接受过程受到从众心理的影响。

② 服从　是指个人按照团体规范的要求或团体领导的旨意而行动。服从行为是在他人或权威的命令和要求之下，完成自己不愿意甚至是自认为不应该的行为。

③ 社会促进　社会促进是指个人的活动效率或行为表现由于他人同时参加或者在场旁观，而得以提高的社会心理现象。

④ 共同活动效应　是指由于他人参加，个人的活动积极性或效率得以提高。如班级风气的形成，是爱学习，爱打扮，还是爱运动，都是有几个人先是如此，然后大家彼此促进，最后形成了人人都如此的结果。

⑤ 观众效应　是指个人的行为表现由于有他人的旁观而得以正向提高的现象。大家一起吃饭，如果有异性在场，人人都会表现出文雅大方的样子，可如果都是同性，那么效果就差多了。

⑥ 去个性化　去个性化是指在团体里由于某种原因使个人的个性得到了隐匿和消失，从而对人行为产生了一定影响的现象。

⑦ 冒险迁移　是指人们在团体条件下提出的建议、思想和现实的行为，比个人单独提出的建议、思想和行为更加激进、勇敢，更加富有冒险精神。一个人如果穿一身过于新潮的服装可能很紧张，需要很大的勇气才敢走出家门，如果有另一个人做伴，那么这两个人都会感觉好得多了。

第二节　服装美感与心理

一、服装美感心理的性质与特点

服装的流行发端于时髦和时尚，时髦是流行的本源，流行是时髦的现象与传播。人类的发展具有流动性和稳定性，流动性决定了每一历史时期都有不同于上一时期的特色，时代是推陈出新的，是不停地前进与发展的。人们总是在追求变化，因此新的事物总是不停地出现，但又总是被找出许多不合理的地方，被新的有可能更合理的地方所取代，如此循环，形成流动。时髦的服装款式可以激发人们对服装的兴趣，满足人们的审美心理，然后在服装穿着的行为中表现出来，尽管不同的时代有不同的审美标准，在审美中仍存在一定的共同特点，即审美的心理特点。

在人的审美过程中，伴随着复杂的心理活动。美感是人接触到美的事物所引起的一种感动，是一种赏心悦目、怡情悦性的心理状态，是人对美的认识、评价与欣赏。在西方美学史上，美感又称为审美鉴赏或审美判断，美感既然是评价美和认识美的作用，它就包含着判断的过程，但是，美感不是一种概念的逻辑判断，而是有强烈的情感作为中介，是一种具有审美情趣的判断，在这种特殊的判断中，人的情感占据着主导地位，同时始终离不开感性的审美对象，蕴含和渗透着知觉、想象、理解等心理学因素。在审美过程中，它使人达到怡然自得和超凡脱俗的自由境界。

人获得审美能力一般是通过两条途径：其一是通过实践实验，在创造活动中培养审美能力和情感享受；其二是通过静观欣赏，对艺术美、自然美进行欣赏感受，不断积淀审美能力。通俗地讲，对于设计师而言，一方面可以通过不断积累设计经验，提升自己的审美能力，另一方面可以通过过多接触古今中外的优秀作品，不断提升自身的审美水准，提高审美能力。

美学和心理学是密切联系的，美感的产生受心理学规律的制约，同时美感的形成，又是通过一定的心理过程来实现的。美感心理是指人们在服装美的欣赏和创造中所体验的美的、愉悦的心理感受，常在多种心理过程的作用下，伴随一定的情感和态度体验。服装美感心理是一种多重的感受。

1. 服装美感是人对服装客观美的能动反映

服装以其色彩、结构、轮廓对所接触的人形成一定的刺激，人在接受了这个刺激后，会作出反应，这种美的情感的体验是对于某种他本身所需要的美的服装与现实中的服装之间形成了一定的关系，被欣赏者所认识，于是美感心理就发生了（见图4-4、图4-5）。

▲　图4-4　服装美感（一）

▲　图4-5　服装美感（二）

2. 服装美感是感性和理性的统一

服装美感在人们对于服装的多种需要或认识之间达到了均衡的时候才能发生。在感性上能引起愉悦，而且通过认知加工可以断定某样式与穿着人、与时代背景、与微观环境因素等多方面都一致时，才在这种适合的认识中体验到服装的美感。

3. 服装美感具有一定的稳定性

服装美感受个人的心理认知模式支配，一经形成就比较稳固，人们在生活中会不自觉地以这种心理认知模式去接纳和评价服装与服装的行为。

4. 服装美感对象的依存性

不同年龄、容貌、体型、职业的人，在穿同一种服装时，会带来不同程度的心理体验。美感体验可以是服装行为人自己的，也可以是对他人服装行为的感受。

5. 美感的差异性与共同性

（1）美感的差异性

美感的差异性就是由于人的审美观点、审美标准和审美能力的不同，而对审美产生审美感觉及审美评价的差异的现象。美感的差异性主要表现在四个方面。

① 时代差异性　人的社会生活受到特定时代的物质生活条件及社会形态的影响和制约，从而形成各自不同的审美理想、审美观念、审美趣味等，在美感上表现出不同时代的差异性。不同时代有着不同的审美理性和愿望，不同时代的人们具有不同的生活背景和物质生活条件，其穿衣打扮表面属于外观美，而实质上是人们生活的一种表现形式，从春秋战国时期的宽衣缚带，到清朝的长袍马褂，再到中山装取而代之，一直到今天的服装大变革，无不体现着与各个时代和民族相对应的服饰审美。

② 民族的差异性　各个民族生活在不同的地域，他们的地理环境、经济环境、生活习惯、民族性格和爱好各不相同，这些因素渗透在生活过程中，使不同民族的美感表现出差异性。每个国家与每个民族都有自己衡量美的尺度和标准，服装审美之花必定开在民族文化的土壤之中。例如中国人喜欢穿旗袍，日本人喜欢穿和服，英国人喜欢穿套装，美国人喜欢穿运动服等。

③ 阶层差异性　不同阶层的人们，由于经济地位、政治地位、生活方式、文化观念等的不同，其审美趣味、审美理想和美感特征也不同。不同阶层的人具有不同的心理和生理需要，它制约着对美的不同体验。不同阶层的人有不同的世界观和审美观，这是美感的灵魂。

④ 个体差异性　即使在同一阶层内部，人们的社会地位相同或相近，但每个人的生活环境、生活经历、文化修养和性格、心境也各不相同。就像人的指纹一样，人与人之间没有完全相同的，这决定了个人美感的差异。美感在一定程度上会随着个人心境和情绪的不同而不同。心境在美感中有两种作用，其一是压抑审美情感的产生；其二是当带着特定的心境去看待事物时，会使事物附着上心境的色彩。

不同的生活环境与不同的劳动实践都能产生美感的差异性。尤其是社会分工不同，对美感的个人差异性影响非常大。一般情况下，画家的视觉对颜色、形体、线条、笔触等非常敏感，能看出别人看不出的美，能用画笔表达自己独特的感受。

（2）美感的共同性

① 审美无国界　特定的群体由于具有某种相近或相同的审美观点、审美标准和审美能力，而对同一审美对象产生某些相近或相似的审美感受，以及由此得出的某些相同或相似的审美判断和审美评价的现象。

② 跨越阶层的审美　不同职业、不同年龄和不同阶层的人都能产生美感，表现出相对的审美共性。

③ 审美是人类的共同特点　我国春秋战国浣纱女西施，在当时村民感觉美，大夫范蠡感觉美，越王勾践感觉美，吴王夫差也认为美，而且古今的人们都认为她是美女，即审美对象被人们共同赞美。

（3）共同性与差异性的辩证关系　共同性与差异性有着辩证的关系。在服装设计时，作品审美的差异性和共同性也表现在多个方面，如服装的民族化与国际化问题，个人设计风格与企业市场形象问题，产品准确定位与市场覆盖宽度问题等。服装艺术的共同性与差异性，反映在时空的各个层面上，从国家、地区到社团、个人。“共同”因时空，“差异”也因时空。时空观也是一种服装设计的哲学观。

二、服装美感心理的产生

人的各种感觉通道受到服装的样式、风格、质地等的刺激时，会引起一定的心理反应，激发一定的内心的需要，引起愉悦的感受，进而促成购买、穿着的行为。对服装行为的美感也是由自己或他人的行为的刺激所引起的，如姿态的表现和穿着的风格。

1. 服装美和联想

联想是在感知到一个事物的同时回忆起另一个事物的过程，对于服装美的感知，联想起了重要的作用。如服装给人们的刺激总能使其与美好的事物相联系的时候，那么一定是畅销的。服装的特性会给人们多种联想，服装的色彩、结构、造型、图案会引起人们广泛的联想。如非洲的面具图案、明星形象的图案，都会给人造成直接的联想（见图4-6、图4-7）。

▲　图4-6　非洲面具

▲　图4-7　俄罗斯面具

联想有以下几种形式。

（1）接近联想

看到一个事物就联想到另一种事物的一种联想。例如看到穿白大衣的人就会联想到医生。它是A、B两事物由于在时间上和空间上非常接近，看到A便联想到B或看到B就联想到A的一种联想。例如，从儿童的服装想到其父母的需求，从职业女性的上班联想到其下班后的穿着等。

（2）类似的联想

它是由于两种事物在时间上和空间上非常接近，看到一种事物就会联想到另一种事物。或是由于A、B两事物在某一方面上有类似之处，因而在想到A时又想到B的一种联想。例如，商场营业员穿上要卖的衣服或广告模特的服装，常常引起消费者的类似联想，是消费者误认为自己穿上也是那样漂亮。

（3）对比的联想

两事物完全相反，却因感知到一个事物而想起另一个事物的联想。服装造型结构中的逆向思维就属于对比的联想。例如看到一款衬衫就会想到如果多几条分割线效果或许会更好。

2. 服装美与想象

看到一件服装，人本能地就会想象服装穿在自己身上是什么效果。看到服装就会想起应该配什么样的鞋子、皮包、首饰，这就是一个想象的过程。想象是人脑对已有的表象进行加工改造，从而创造出新形象的心理过程。人的心理活动，无论是简单的感知，还是复杂的思维，都离不开想象。没有想象就没有发展规划，没有想象就没有科技攻关，没有想象就没有艺术作品的创作过程，没有想象就没有服装设计，也就没有服饰审美。想象是人对服装所具有的客观特点或含义赋予想象。人对服装的需要与人对服装的审美和服装的客观特点有关，更和选择服装的人本身的特点有关。想象分为再造性想象与创造性想象。

（1）再造性想象

再造性想象在艺术欣赏和创作中大量地存在。人们掌握和理解任何知识，都必须有积极的再造想象来参与。

（2）创造性想象

以表象为材料，对原有表象进行重新加工改造，重新构成组合的结果。他们之间的区别在于创造性的程度不同。创造性想象与再造性想象都必须以表象为材料，都是对原有表象进行重新加工改造，重新构成组合的结果。创造想象的心理活动需要三个基本条件：实践的要求和创造的需要、原型的启发、积极主动的思维活动过程，三者缺一不可。创造过程中新形象的产生带有突然的心理过程，人们称之为灵感。想象力能使人的审美能力插上翅膀，想象力越丰富，审美能力就越强。浮想联翩能使审美主体的思维跨越时空的局限，在想象和联想中，对审美对象进行再创造，从而丰富审美对象的内涵。

3. 服装美与情感

情感是人对客观现实特殊的反映形式，是对客观现实是否符合自己需要的态度的体验，在人对服装的感知过程中，必然会产生喜爱和不喜爱的态度，同时伴随着高兴或无所谓以至于厌恶的情感体验。

情感影响人的着装的行为在于情感具有两极性，如肯定—否定、满意—不满意、愉快—不愉快、强—弱等。如看见一件服装的色彩很合心意，就会在体验到愉快的同时，感到满意。人们在选择服装的过程中，在服装中体验自己所追求的情感也是服装行为的另一个目的。

三、服装审美心理学

服装是美与实用、艺术与技术的结合物。人们在服装美的欣赏和创造中所体验到的美的、愉悦的心理感受，常在多种心理过程的作用下，并伴随着一定的情感和态度的体验。服装以其色彩、结构、轮廓对所接触的人形成了一定的刺激，人在接受这个刺激之后，会作出对服装的反应，并伴随着一定的情感体验，而这种美的情感体验往往是由于对某种他本身所需要的美的服装与现实中的服装之间形成了一定的关系，被欣赏者所认识，于是美感心理就产生了。

服装的美感受个人的心理认知模式所支配，个人心理认知能力模式一经形成就比较稳固，人们在以后的生活中会不自觉地以这种心理认知模式去接纳和评价服装与服装行为。要想改变一个人的服装美感，一是以一种新的经验重新组织形成新的心理认知模式来替换，如通过文字材料的学习，可以改变对某种服装的评价标准。例如:对西服有丰富的积极的美感，但是穿上西服去运动的时候，就会对西服的不方便性的认识加强，产生反感，如果你在以后的生活中，用方便来衡量西服，则会使你原来对西装的美感消退。

人的各种感觉通道受到服装的样式、风格、质地等的刺激，会引起一定的心理反应，激发一定的内心需要，引起愉悦的感受，进而促成购买、穿着的行为。对服装行为的美感也是由自己或他人的服装行为的刺激所引起的，如姿态的表现和穿着的风格。美学和心理学是密切联系的，美感的产生受心理学的制约，美感的形成又是通过一定的心理过程来实现的。美感的心理因素包括感觉、知觉、表象、注意、情绪、意志等。

1. 感觉和知觉

人们对服装的整体认识，首先从感觉开始，先被形或色所刺激，再进一步对其实用性、美观性的特性综合地分析。感觉是指此时此刻作用于人的感觉器官的物质现实的对象和现象的具体的、个别的特性、品质在人脑中的反应。如看见一件服装，服装的线条、轮廓、色彩等首先反映在人脑中，其次才是深入地心理加工，如分析、推理等。感觉是审美的初级阶段，是一切心理活动的基础。

知觉是指现实的对象和现象直接作用于感官的多种特性和品质在人脑中的反应过程。当人们对服装的各个部分形成了感觉后，形成对服装的整体印象，就是知觉的作用。

审美知觉通常有以下四个特点。

（1）知觉的整体性

审美知觉不是审美对象个别属性相加的总和，而是一个完整的有机整体。例如，我们欣赏一幅时装画时，若只看到一块色彩，一根根画线，而不能知觉色彩和形体所购成的完整形象及构图所表达的境界，则不能欣赏到它的美。

（2）知觉的选择性

作用于感官的客观事物是纷繁多样的，人不能同时接受所有的可感要素，而自然会根据自己的兴趣和爱好，有选择地接受少数因素。

（3）浓郁的情绪和感情色彩

这也是审美知觉不同于一般知觉的主要特点。

（4）知觉的通觉作用

感觉是互相作用的，一种感觉能唤起另一种感觉的作用，通觉是一种感觉同时具有另一种感觉的心理现象，是感觉之间相互作用的一种表现。

服装设计师如果具备一定的设计经验，闭上眼睛听音乐，很可能会“听出”形象来，一组绝妙的构思便会款款而来，这种设计方法就叫做通觉构思法。

2. 表象

表象是在记忆中所保持的客观的事物的形象。当形象作用于我们的感觉器官时，通过知觉转化为主观的印象，此物体的形象仍有可能在大脑中重新出现，这些生动的形象就叫做表象。表象和知觉不同，知觉是当前事物的反应，而表象是对曾经感知过的而又不在眼前的事物的反应。

表象有三个特征：表象所反映的形象比较暗淡、模糊，不如知觉反映的鲜明、生动；表象所反映的形象，比较片段而流动多变，不如知觉反映的完整、稳定；表象具有概括性，表象虽不如知觉反映的事物清晰、完整，但却比知觉反映的事物更为丰富，更能接近特征。

3. 注意

注意在审美活动中占有主要的地位，注意是人的心理活动对一定对象的指向和集中。注意是知觉的进一步发展和深入。

（1）注意有两种类型

① 无意注意　无意注意是因意外的刺激、事物的突然变化、个人兴趣和新奇事物的出现而产生的。

② 有意注意　有意注意是在意志的控制之下，对客体的集中。有意注意在人们的审美活动中是一种重要的注意方式。

服装设计师的创作灵感的产生，包含着一定的无意的注意，但在了解消费者的市场需求以后，大量的是有意的注意，强制自己把握设计所需要的素材。

（2）注意心理的特征

① 注意具有一定的范围性。注意的范围性是指在同一时间内注意所把握的对象的数量。注意范围的大小取决于被知觉对象的特点。

② 注意具有一定的分配性。注意分配是指在同一时间内，把注意分配在两种以上不同对象上的现象。例如人们能够把较多的注意集中到比较生疏的事物上，而相对不容易把注意分配到熟悉的事物上去，注意往往不是平均分配的，经常有主次之分。

四、服装色彩与心理

美国心理学家彼得·罗福博士研究发现，注重服装色彩并喜欢复杂衣饰的人，往往比较讲究实际，有自信心，但爱支配人，感情易冲动，易陷入不安当中；喜欢浅色服装和简单衣饰的人，性格常常比较内向，生活朴实，温和淑静，但容易缺乏自信，依赖心理较强，不善于独立行动。

喜欢高纯度颜色的人，开朗而外向，举止倾向于活动型。但是内心充满不安，怀抱着不确定感与不满，正是因为要弥补自身的不安，才喜欢高色调的颜色。他们对自己的性格和能力有着强烈的不安，对工作、职场、待遇等也可能感到不满意。和外表看起来完全不同，其实是畏缩不前的个性。缺乏协调性，容易受新颖、流行事物的影响。此外，即使是小事也会使其感到欢喜和悲伤，而不喜欢高纯度颜色的人对自己满意的程度很高，很坚定地确定自我定位，不会随着流行而起舞，抱着实事求是的生活态度，个性敦厚，感情也很稳定，人际关系上，会以自己的标准来选择交往的对象，一开始就构筑一种稳定的关系。他们的自我主张并不太强，但是必要的时候却能毫不畏惧地表达自己的观点（见图4-8）。

▲　图4-8　高纯度颜色服饰

中国科学院心理研究所研究员王极盛说，颜色是通过人的视觉起作用的。不同颜色所发出的光的波长不同，当人眼接触到不同的颜色后，大脑神经作出的联想跟反应也不一样。“色彩分为冷色和暖色，穿着不同色系的衣服效果不一样。因此人们选择服装颜色，大多是内心的投射或反向投射。”

美国心理学家彼得·罗福博士研究发现，喜欢穿红色服装的女性被认为是“具有丰富愿望的年轻型”，生活中她们常常感到不满足，富有冒险精神，追随流行时尚，但其变幻无常的性情常常令人捉摸不透。喜欢绿色的女性被认为是“坚韧实际的母亲型”，生活中她们安于现状，行动慎重并很努力，但害怕冒险和超前，性格内向且常常压抑自己的欲望，在感情方面羞于主动（见图4-9）。

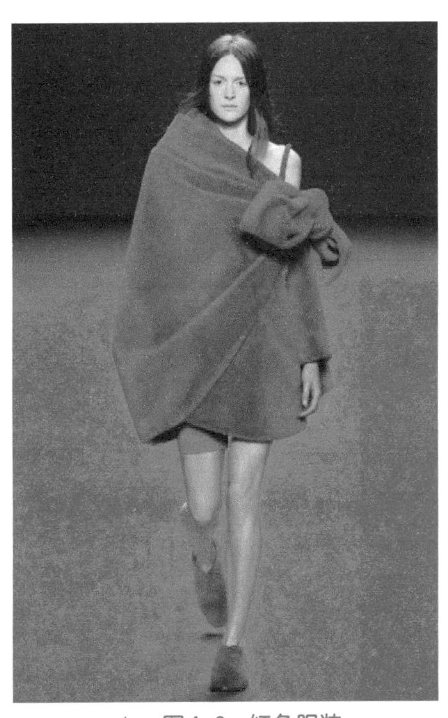

▲　图4-9　红色服装

另外，喜欢白色的人常让人产生可远观但不可亲近之感；喜欢紫色的人感情也许会比较浪漫；喜欢黄色的人内心天真烂漫；喜欢蓝色的人诚恳真挚，富有幻想；喜欢黑色的人抑制感情外露，但渴望关怀爱护……当然，这样的分类似乎有些过于简单，一个人喜欢的颜色常常有很多种，不可一概而论。

由此可见，服装的色彩与人的心理的关系是密切的，色彩直接影响到人的心理，人的心理的不同状态又直观地反映到对不同色彩的喜好上。

五、服装的穿着与审美心理

事实上，任何人都有自己与外界隔绝的感觉，这种分隔的感觉称为“身体形象界限”。本来最基本的界限是皮肤，穿着衣服的时候，衣服就变成了界限，因此衣服可以说是“第二层皮肤”，一个人总是试图掩饰赤裸裸的身体而穿着衣服，但是，又往往因为自己对衣着的选择使得内心暴露于外。

日本目白大学人类社会学系心理学教授涩谷昌三认为，如果一个人界限感薄弱，他很难感觉到自己和他人的不同，也很难掌握与他人间的距离，因而也不善于和他人交往，因为守住自己与外界的界限很微弱，所以总感到不安。想要增强界限感的人，就会穿上和别人明显不同的醒目服装。此外，随着衣服和皮肤贴身程度的增强，也能强化人的这种界限感，对自己的身材自信满满，穿着华美衣服到处散发着女人味的女性，褪下衣服后可能会陷入对别人不安的感觉。而不考虑身材而穿着宽松舒适服装的人，是不赶流行，能掌握自己步伐的人，一方面能稳守自己的价值观，另一方面也能有较好的人际关系（见图4-10）。

中国科学院心理研究所研究员王极盛强调："影响和反映一个人性格和心理的因素有很多，服装确实能反映人的某些心理特质，这可以作为我们认识一个人的参考，但不能武断地

▲ 图4-10 华美的服装

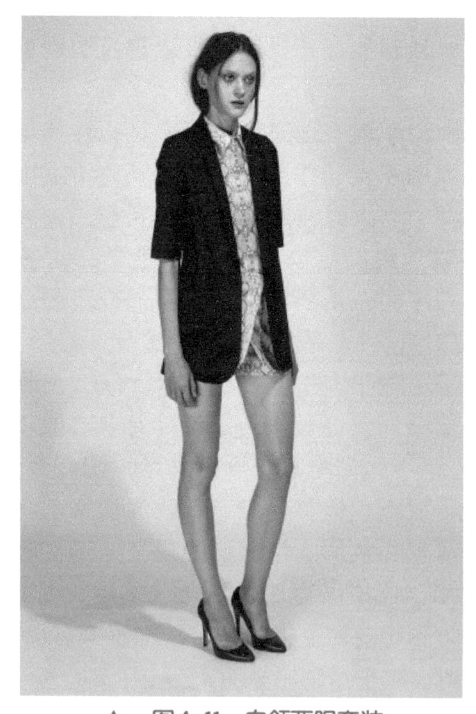

▲ 图4-11 白领西服套装

一概而论。因为人们选择服装会有很多偶然性，比如有时候，人们会因为时间、场合不一样，选择不同的服装。”在学校里，我们有校服；到了公司，我们有工作服；在晚会上，我们还有我们迷人高贵的晚装；临睡觉的时候我们还得换上我们的睡衣。服装已经充斥在我们生活的任何一个角落了。没有任何一个人可以离得开服装。

服装的款式也可以对人的心理有明显的作用。例如，白领丽人们的主流职业装是西服套装，简洁、大方、精干（见图4-11），颜色也基本上以深色为基调。在多数正式场合，这样的服装可以充分显示主人的成熟、稳重和自信。但是在普通生活中，如果再让这些丽人去穿这样的服装，想必让人无法接受。所以那些白领在平时会穿得比较休闲简单。这样的做法可以让自己摆脱那种压力很大、工作很忙碌的基调。所以通过人们在服装款式上的对比也可以观察出一个人的心理状态。

思考与练习

1. 了解服装心理学的基本理论知识，归纳出服装心理学的研究对象，分析服装行为与社会心理的关系。

2. 掌握服装美感心理的产生及其特点，理解服装色彩与心理的联系，并举实例说明并分析。

第五章　服装穿着的美学理念

- 第一节　自我形象塑造
- 第二节　服装的最佳选择
- 第三节　服装搭配艺术

学习目标

1. 了解服装自我形象塑造的知识。
2. 掌握预测服饰流行趋势的基本方法。

第一节　自我形象塑造

一、美学意识

美学意识是指人的主观意识对客观存在的美丑属性的反应，它包括人的审美感觉、认识、情感、经验、趣味、理想、观念等。审美意识是由长期的审美实践所决定的，同时又反作用于客观存在的美，帮助人们自觉地欣赏美与创造美。

人们认识到自己的价值是审美的前提，它直接导致了人认识自我、肯定自我和意欲美化自我的意识。美化自我意识促进了服饰形象创造中的艺术创作的意识，而且推动了整个服饰文化的发展。美化自我意识包含着两种活动的方式。一种是审美活动，即在将自我作为审美对象的时候，将自我作为审美的主体，这是潜意识。另一种是艺术创作，在自我意识中具有创作者和创作物的身份，是自我形象塑造中美化自我的意识。人有了自我美化的意识，特别是以服装来美化自我意识以后，主观能动性就上升到了绝对的高度。

二、艺术表现欲及个性的流露

▲　图5-1　裘皮服装的华贵感

服装本身具有一定的艺术性，艺术的本身具有表达和抒发主体情感、心态的性质与功能。人们常利用服装艺术来满足自己创作才能的表现欲。艺术创作者通过艺术，将自己的主观意识、心态、情感、理想等变为物态化的表现。着装者通过裘皮大衣，表现出对奢华和富贵风格的追求。通过运动服装，表现出对自由、舒适和休闲的追求。通过旗袍，表现出对复古风格的追求。通过穿着高档名牌的服饰，表现出对富贵生活的追求。服装具有此种表现的功能，可以醒目地展示人的表现欲。现代服装设计是一项系统工程，服装的艺术性决定着这一工程的本质属性，从精神分析及艺术性的角度出发，对艺术创作过程有着独特的见解，它不仅可以解释服装设计的艺术过程，而且对服装人体美的表现具有指导意义。艺术对服装的影响只是众多影响因素之一，但无疑是最具价值的。无论是充满宗教色彩的中世纪，还是奢侈豪华的洛可可时代，服装的造型线条、色彩韵律始终同当时的绘画、雕塑、建筑风格息息相关（见图5-1）。

服装的设计者往往在设计的服装中追求个性风格的流露，在艺术中表现个性，是创作者的独特风貌，贯穿于创作者的独特风格之中。服装的着装者大都希望按照个人的意愿来完成自己的着装形象，尊重个人的审美情趣、审美意识和标准（见图5-2）。

▲　图5-2　服装的个性风格

三、流行时尚趋势的把握

流行是在一定时期一定区域内为人们广泛认同喜爱并参与的非常规的行为方式和思想意识，是特定社会、特定时期价值观念和价值倾向的产物。服装的流行由于传播方式的不同，形式可以是自上而下、自下而上；也可以由内而外、由外而内；可以是由发达地区向不发达地区扩散，也可以是由不发达地区向发达地区冲击；更可能是由年轻人群向中老年人群流向等。但无论如何，服装的流行总是按照以点带面、自小而大、从少数到多数、从新奇到普及的形式展开的。

1. 预测服饰流行趋势的要点

想要预测服装的流行，就要了解服装流行的规律。

① 阶段性规律　服装的流行是以新奇为起始至普及而告终。一般可以分为：产生、发展、盛行、衰亡四个阶段。

② 分流与同步规律　服装的流行已经不再像过去那样呈现出千人一面的局面，根据消费需求不同，在一个流行阶段，同时或不同时地开展着另一类或另几类流行，体现出现代人们对着装需求的多样化特征。

③ 螺旋上升性规律　也就是说流行是有轮回的，这种轮回加入了时代的印痕，回归只是一种遐想的轮回，是一种意念和愿望的体现。

2. 把握服饰流行的社会条件

① 社会和平、安定。

② 科技进步、经济繁荣，产业不断分化、重组，产品丰富。

③ 人文理念普及，各种经济的、文化的、科技的、体育的、旅游的、休闲的社会活动，推动人们的服饰修养、鉴赏和审美追求。

3. 服饰流行的产品条件

服饰不论其色彩还是款式，或面料或做工要流行起来，必须具有实用审美价值，实用性是基础，是审美性的载体；审美性是表现形式、审美效果。一种服饰的流行，最重要、最集中地表现为三大方面：一是线条感，二是色彩感，三是组配的空间度。线条主要体现在款式上，色彩主要体现在明暗性、格调以及动感上，组配空间就是服饰同穿着者与环境、个体素质的适应性以及与其他服饰的重组效果。

4. 服饰流行的主体条件

服饰要流行起来，必须具有实用审美力的设计者、生产者、经营者和消费者。设计者、生产者必须理解特定群体的社会消费力以及所处社会经济、文化环境及其地位和作用，深刻理解其文化品位、价值取向和审美情趣，并把这种熟谙、理解经过创作的产品传达给消费者。经营者必须善于运用宣传、广告以及各种促销措施，宣扬服饰文化，使人们理解产品的文化内涵，在接受该种服饰文化的欢乐中接受其服饰产品。还应该善于将消费者的信息及时、准确地反馈给设计者、生产者。消费者是服饰流行的终端，也是服饰流行最具权威的决定者。

5. 预测服饰流行的基本方法

① 市场调查法　市场调查法，就是到市场进行实地考察，进行直观分析，也可以到市场组织经营者、消费者进行问卷调查。

② 专家咨询法　指咨询国内外著名的学者、设计师、大公司的首席设计师和高级经营管理者，他们具有渊博的服饰知识或丰富的实践经验，可以比较准确地分析现有服饰的流行趋势和特点，对新的流行趋势和特点作出预测。

③ 趋势分析法　凭借个人积累的观察资料或个人观察的经验体会，分析新的流行趋势和特点。

第二节　服装的最佳选择

一、审美观念

审美观念是指审美活动所具有的一种认识，是在审美经验积累到一定时候才产生的，它将人模糊不定的、零碎的审美感受归纳为较为明确、较系统的认识；它对一个人的审美感觉起一定的引导与规范作用。

二、个人审美趣味

由于受文化素养、审美情趣、生活方式等主客观因素的影响，不同地区、不同层次的人所接受的流行会有所不同，对于服装和色彩的态度可以说是千差万别的，既有积极追求流行时尚的人，也有长期保持传统习惯的人。在积极追求流行时尚的人们当中，既有对流行非常敏感，站在流行时装前列的人；也有不甘落后，念念不忘实行服装更新换代的人。每个人的审美意识不同，因此穿着中要尊重个人的审美趣味，虽然着装者的审美构想和艺术选择不一定都是准确的，但是某种程度上跟着感觉走，往往会穿出出人意料的效果（见图5-3、图5-4）。

▲ 图5-3　个人审美（一）

▲ 图5-4　个人审美（二）

不同的人对审美的感受程度是不同的，由此形成了个人风格的层次性。所谓个人风格是指一种穿着上的个性表现，不但表现在你穿什么，更重要的是表现在你的穿法，以及着装以后举手投足的姿态。个人风格直接反映了个人的服装穿着特色，个人风格的形成与生活环境有密切关系，具有个人风格的消费者不一定是流行趋势的跟随者，也不一定是创造者或标新立异的人。有风格的着装不一定是昂贵的。个人风格不是用钱可以买到的，最要紧的是知道穿什么使你看上去最美以及怎样穿才能显出人体与服饰交融混合的美。一位真正能感受各种风格的女性，可以依照自己的特色安排各种穿着方式。懂得如何结合平价服饰与高级服饰，炫目的流行与静谧的传统，前卫新潮与典雅传统，创造出自己独有的个人风格。流行作家马里莱茵·伯森写道“个人风格是一种罕有的天赋，某些人就是有办法利用完全新奇的方式搭配组合各种服饰配件。她们就好像配备了雷达一样，可以观察到某些其他人无法发现的共同的特色”。虽然服饰是一种物质，只是由具象的面料和抽象的色彩、造型所构成，根本谈不上语言和动作的表现力，但是在一个人选择着装的整个心理过程中，可以囊括所有的个人意识，并通过服饰与人构成的着装形象而将其较为准确地表现出来。由于服饰无法直接表述着装者的思想，所以着装者在采用服饰来塑造自我形象、完成个性行为时，总是充分利用服饰的暗示功能。

社会心理学中将暗示归纳为“符号暗示”、“行为暗示”、“表情暗示”、“语言暗示”等，专门指的是以含蓄的方式，通过语言、行动等刺激手段对他人的心理和行为发生影响：使他人接受某一观念或按某一方式进行活动。服饰心理中的暗示,主要是以服饰的色彩、款式、面料、纹样及整体着装方式对着装形象受众的心理发生影响，进而使着装形象在其受众的心理中形成一种由着装者预先设想出的印象，这个印象无疑是有利于着装者在社会生活中确定其地位或是达到其目的的。暗示是服饰心理学中着装者心理活动的一个普遍手段，除此之外，着装心理变化多端，瞬息万变，很难全部把握，那么多的着装者，每个着装者又在每时每刻、每个时期、每种心境下有不同的心理活动，这么复杂的服饰心理活动我们无法一一道来，只能挑选一些带有普遍意义的典型实例，从中探究一下基本规律。

1. 区别原我

在日常生活中，人们一般不喜欢已经长期拥有的服饰。这里存在着两种心态：一种喜新厌旧的心理，对原有的已经司空见惯，不需要花费精力去寻求，再也没有新鲜感和吸引力了；另一种心态是受到大环境的影响，从服装流行的趋势着眼或者说被迫于服装的快速变异，使得人们不得不抛弃原来的整体着装形象。或许没有这种自发力和驱动力，就不会有灿烂的服饰发展史。

2. 表现自我

在服饰中表现自我也是显示个性的一种十分有效的方法。个性在心理学中指的是在一定的社会历史条件下的具体个人所具有的意识倾向性，以及经常出现的、较稳定的心理特征的总和。实际上说明两层意思，一层是一个人在生活舞台上演出的种种行为；另一层是一个人真实的自我。

3. 趋同心理

人类的趋同心理是在漫长的生物进化过程中，通过不间断的生存实践过渡而逐步形成的一种心理需求的沉淀形式。它的存在有着生理性和社会性的双重基因，由于人类心理上的这种趋势，造就了人们在社会生活中心理需求的趋同倾向，是人类共同的心理特性。这种心理对服装流行的产生起到了巨大的促进作用。

在人类日常生活的行为规范里，这种行为往往具有害怕孤独而产生统一步调的表现形式，这在服装流行的人类行为中显现得格外突出。从视觉形式上看，假如一个人的装束背离群体的行为准则，那样势必会引起社会群体的注意，容易招致非议和责难。如若他的行为不为世人所理解，则可能在感情上被拒之众人之外，造成严重的孤独感和失落感，从而出现不安全的心理倾向。心理上的安全感是人类需求的因素之一。因此，人类的趋同心理对服装流行的产生具有极大的作用力。

此外，人类除了害怕孤独的心理能够导致行为上的统一以外，还有一种崇尚心理。这种心理发展到一定程度之后，则产生出相应的模仿行为，这从另一个侧面展示了心理需求上的趋同性。这种心理的需求特点，主要是为了自尊和他尊。它是人类心理中基本需求的高级层次。但是，这种需求仍然具有保持心理平衡的特点，这是造成服装流行心理中的又一种趋同形式，是人类趋同心理的又一个重要特征。

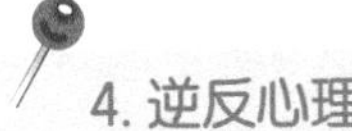

4. 逆反心理

生理学和心理学的研究都认为，人可分为若干种性格和气质。这种性格和气质上的差别与人的理性因素的多少有一定的关系。理性因素少的人，在服装理性现象产生和发展的过程中，总是处在敏感的地位；而理性因素多的人，在这个行为过程中，则总是处在稳健和滞后的地位。其中着装心理中的逆反心理则表现为较强的感性因素，显示出激进的、敏感的着装方式。

每个人都急于借助“个性”的时尚口号为自己的社会身份定位，这时，个性与审美一样，就会沦为平面化和碎片化拼贴。因此，就消费而言，时装在本质上是反个性的，因为它已经与商业文化息息相关，水乳交融。它服从于特定的规划、生产、设计，对服装的讲究与重视，是由于一种在艺术上对技巧的迷恋所造成的心理积淀。使服装具有独立的审美价值，成为可以世代相传的工艺品。

顺从个人审美趣味在穿着创作中的选择，有成功也有失败。着装选择顺从个人的审美的趣味是极其自然的，任何人无法回避，又不能完全依赖。当个人的审美趣味不稳定时，选择容易失败。只有当个人的审美趣味达到一定的成熟程度，选择的成功率才会提高（见图5-5）。

三、完美形象的塑造

人都有对美的需要，着装者与所着服饰完美结合、相得益彰，服饰充分展现出着装者独

▲　图5-5　服饰审美

▲　图5-6　服饰搭配

特的气质及美感时，我们就会产生美的感受。这种服饰美感的产生离不开服饰设计者、服饰穿着者及服饰欣赏者。设计者需要有丰富的想象力、细致的观察力、对流行趋势的把握及对设计对象的准确定位。穿着者在着装行为中以自身的特点为依据，遵循扬长避短的原则充分考虑穿着该服饰所处的外部环境，进而挑选出最适合自己且对细节拿捏得恰到好处的服饰。

完美形象塑造的重点是服装整体美的把握，是指服装的外观整体效果所具有的美感，是服装的物质内容和精神内容的完美结合。服装经穿着后便会出现着装状态，构成着装状态的因素非常多，除了服饰本身的色彩、款式、质料之外，还有穿着者自身的条件、环境、化妆、穿戴方式、服饰品配套和言行举止等，如果能将这些因素调整到最佳点，服装的整体无疑会表现出很强的美感。在造型过程中，要考虑形式美的基本法则，把对比、统一、调和、变化、平衡、比例、节奏、反复等内容合理安排，创造出新意，配合服装机能创造出服饰的造型美（见图5-6）。

第三节　服装搭配艺术

一、服装搭配艺术

1. 整体观念

服饰是立体活动彩色雕塑，所以不要把上、下装分开来看造型，而要于整体上往瘦长袅娜型装扮。

2. 肤色观念

要有适合自己肤色的色彩系列。

皮肤白皙的人可以穿淡黄、淡蓝、粉红、粉绿等淡色系列的服装，会显得格外青春、柔和及甜美；如果穿上大红、深蓝、深灰等深色系列，会使皮肤显得更为白净、鲜明。最好的效果是穿蓝、黄、浅橙黄、淡玫瑰色、浅绿色一类的浅色调衣服。如果肤色太白或者偏青色，则不宜穿冷色调，否则会越加突出脸色的苍白，甚至会显得面容呈病态。

皮肤较黑的人，适合暖色调的弱饱和色衣着。宜穿黑色衣着，以绿、红和紫罗兰色作为补充色。可选择白、灰和黑色三种颜色作为调和色。主色可以选择浅棕色。穿上黄棕色或黄灰色的衣着脸色就会显得明亮一些，若穿上绿灰色的衣着，脸色就会显得红润一些。不要穿大面积的深蓝色、深红色等灰暗的颜色，使人看起来灰头土脸。

东方人的皮肤大都呈黄色，面色偏黄的女性，适合穿蓝色或浅蓝色的上装，它能衬托出皮肤的洁白娇嫩，适合穿粉色、橘色等暖色调服装。尽量少穿绿色或灰色调的衣服，这样会使皮肤显得更黄，品蓝、紫色上衣也不适合。

对于健康的小麦色肌肤，黑白两色的强烈对比很适合这类肤色。深蓝、炭灰等沉实的色彩，以及深红、翠绿这些色彩也能很好地突出开朗的个性。不适合穿茶绿、墨绿，因为与肤色的反差太大。

皮肤发红的女性可采用非常淡的丁香色和黄色，淡咖啡色配蓝色 ，黄棕色配蓝紫色，红棕色配蓝绿色等都较适合。面色红润的黑发女子，最宜采用微饱和的暖色作为衣着 ,也可采用淡棕黄色、黑色加彩色装饰，或珍珠色用以陪衬健美的肤色。

3. 体型观念

要会用服饰发挥，让人首先觉得体型的美丽与长处。体形与服装的选择，臀、胸、腹部凸出，上身较胖的人，应选择宽松、肥大的上衣和裙子。腰粗的人不宜穿旗袍，穿裙子最好是筒式或是箱式连衣裙。两腿较粗或腿肚较大的人，不宜穿健美裤和短裙，宜穿深色的长裤或长裙，裤子不要太肥。整个身体较胖的人，最好不要穿红、黄、白等高明度色彩的服装。因为高明度的色彩会产生膨胀感，使本来就胖的体型显得更加夸大。选择衣服适宜穿长条图案的服装，衣料不要穿得太薄，服装颜色不要太浅，更不要穿夹克衫、紧身的针织衫等类的外装。体形较瘦弱、胸部扁平的人，应选择浅颜色、大格、大花等图案的面料做衣服。衣服的领子、袖子要多褶，样式宜多样，外衣不要直接穿裹针织衬衫。胸部扁平者，上衣最好穿带有胸袋、打褶、装饰线的衣服。若人较瘦，肩部又较窄，可用横条或用质地厚的衣料做上衣并加垫肩。臀部不太丰满的，宜用肥大、多褶的裙子来掩饰，不宜穿紧身的裤子或裹体的裙子，同时上衣不宜太短小。腿部比较瘦的人，不要穿短裙、瘦裤，宜穿长一点的裙子或宽一些的裤子。上身较长或个子较高的人，最好不要穿上、下衣颜色一致的服装，也不要穿上、下衣均为竖条的服装，宜穿碎点、圆点图案的服装。衣服的颜色不要太深，也不要过浅，应以中性色为宜，上、下衣线条、图案、颜色应更丰富多彩。身材矮小的人，最好要选鞋与裙的颜色一致，上衣和围巾、帽子颜色一致，上、下衣的色调一致，或花色图案一致的上、下衣裙。服装的衣料要选择小花型或小图案的，最好是选竖条图案的服装。上衣不要穿得太长，裙子不宜穿得太短。

4. 配饰观念

配饰品与服装密不可分，搭配合理会产生很好的效果 。如项链的搭配，项链的品种繁多，有金、银、珍珠、玛瑙、宝石、木雕、贝壳、金属等，还伴之有长短粗细、有无坠物等不同。一般根据个人的经济状况、爱好和服饰来选择，达到最佳的搭配组合。首先，佩戴项链要根据脖子来定。一般脖子短细者宜选用长且细的项链；脖子细长者宜选择多层圈项链、较宽的项链或者选用链条较短的项链。脖子细且短者宜选择小巧玲珑的项链。再者，佩戴项链还要根据服装来定。一方面项链与服装的质感要相配。如穿麻织的衣服应配以木质、贝壳等项链；丝绸服装应根据质地的厚薄，配以粗细、样式别致的金银制项链；光泽感较强的衣服宜配珍珠项链；而颜色较深的软料衣服可配之以金属项链。另一方面，要注意项链的粗细长短同领形的调节与搭配。一般规律是，小圆领或一字领最好配长项链；大V形领配以较短的项链，作为颈部与衣领之间的过渡。A字形的散摆高腰上衣可增强腰身的纤细感，高腰的设计可在视觉上拉长下半身的比例，让腿部更显修长，散摆的设计可以遮盖丰满的臀部，完美修饰体型的不足之处。金属质感的腰链可以重新划分身材比例，在视觉上修饰丰满的腰身。尽量不要选择膨胀色彩的H形紧身上装，会给人更加丰满的感觉，增强粗壮感，短款的款式会更加凸显腰粗的问题（见图5-7、图5-8）。

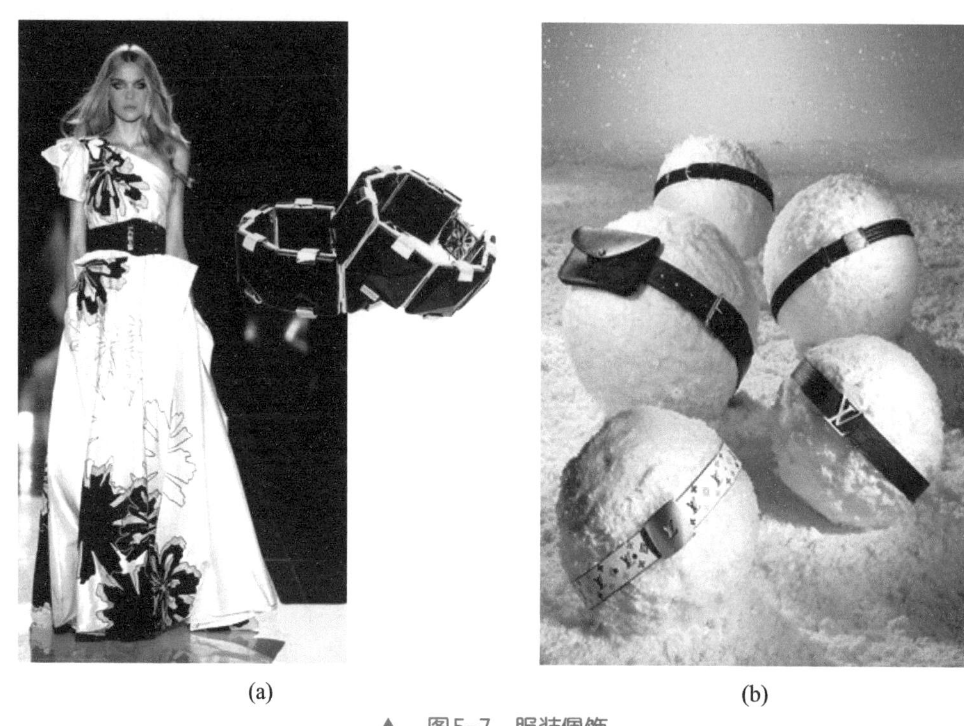

(a) (b)

▲ 图5-7 服装佩饰

(a) (b)

▲ 图5-8 佩饰

5. 发型观念

服装设计师的最新作品，有时是通过奇特的发型展示出来的，头饰的风格（尤其是色彩）决定着服装配搭。

发为人体之冠。就算衣服、鞋袜、化妆都得体，如果发型不协调，会破坏整体美。因此，发型必须与服饰相适应。如果留的是长发，就可以随服饰的变化而变化自己的发型。比如，在比较庄重的场合着礼服时，可将头发挽在颈后结低发髻，显得端庄、高雅。着运动装时，可将头发自然披散，给人以活泼、潇洒的感觉。着宽大的棉麻服装时，可将头发梳成一根发辫，或印第安式的双辫，发髻结在耳朵上边，同时齐眉毛上边横结一根同色的发带，这样就使乡间的质相与都市的现代感完美地结合起来了。当身着色彩艳丽的宽松丝绸服装时，可将头发盘起，用一根同色的或能与服装的色彩相协调颜色的丝巾将头发包住，显得有些异国情调而富有神秘色彩。当在选择发型时，要注意是否配得上自己大多数的服装。

不同脸型所适合的发型有下列这几项原则。圆形脸比较适合头顶部提高蓬松，而脸部两侧头发较为拉长或拉低的发型。因为长度较长的发型，会有助于让脸部看起来修长；而头顶区蓬松感的头发会加长整体脸部的线条，让脸型看起来比较不会那么短和圆。而两颊旁的头发也要特别注意，太多或太蓬松会看起来更圆。正三角形脸要尽量要让额头发型维持一个宽度，这样才不会更加突显两颊的宽大线条，也可以尝试比较温柔的波浪卷发，长度最好是以中长或及肩的长度为佳，毕竟太短就不方便遮掩修饰住两颊的宽大线条，如果蓬松波浪刚好到下巴两颊的位置，只会让脸型的角度更加明显，所以这方面要特别留意。倒三角形脸这类型的女性下巴都比较短，在上额两侧的发型让它较为服帖，以视觉平衡的方式来修饰这类脸型的困扰。长形脸由于本身脸型长度问题，头发不要太过蓬松，而以脸部两侧较蓬松的发型为基础点来修饰。由于脸型已经够长，要是发长又属于更长且直顺的类型，肯定会让脸看起来更加长不少，所以这类脸型的女性建议一定要挑选长度适中的发型，过短或过长可能都不是很适合。国字脸或方型脸适合让头顶区头发稍微提高，而上额两侧与下额两侧较为拉低，因为头顶带点蓬松感加上两侧服帖一点的发型，能使脸形看起来修长柔和。中分的发型也不错，因为太旁分的发型会增加下额的宽度，造成反效果（见图5-9、图5-10）。

▲　图5-9　长发造型

▲　图5-10　短发造型

6. 妆型观念

不同的服装要搭配不同的妆型，妆型比较单一，就会影响服装的表现力。

精明型彩妆：表现知识女性的气质。

干练型彩妆：以深色重叠的效果，表现成熟女性之美。

活动型彩妆：采用比服装稍亮的色调化妆，增加活动的气氛。用饱和度高的极致色彩，运用在眼影、嘴唇、指甲，甚至头发上，摩登十足（见图5-11、图5-12）。

▲ 图5-11 活动型彩妆（一）

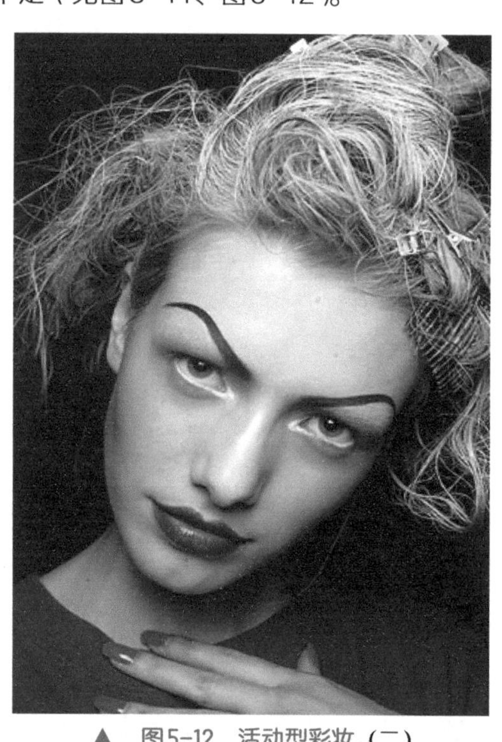

▲ 图5-12 活动型彩妆（二）

自然型彩妆：喜用中间色系，表现自然的感觉。自然妆效回归到不着痕迹的基础裸妆。强调明晰的脸部轮廓。通过光影层次的塑造，让脸部线条立体分明，构筑浑然天成的立体感。在普通人的生活中也能轻易尝试的漂亮妆容反而成为主导的妆容潮流。使用轻盈柔润的粉底液，以粉底液刷或是海绵柔和地刷在肌肤上，接着再用柔光完美粉饼，以大散粉刷刷去皮肤的油光，带来透明柔嫩的亚光质感。将粉色腮红以圆形区域轻轻扫在颧骨处，立即打造白里透红、甜美可人的青春形象。眼部则追求清澈无妆妆感，只使用类肤色的眼影粉稍微强化眼褶部分，或再抹一点遮瑕膏，让肌肤富有光泽，不画眼线，不刷睫毛膏。唇膏使用与脸部腮红色彩相似的色彩，用唇刷淡淡地刷上唇膏，唇部肌肤依然显露出天然的肌理，妆效清淡自然（见图5-13、图5-14）。

成熟型彩妆：用朦胧的色系，选择曲线较强或略带棱角的眉形，用深色粉底霜来表现，腮红从耳部向嘴角方向斜线形涂抹，使脸形看起来接近于鹅蛋形，更有成熟感。

柔和型彩妆：以柔和的色系，使之令人疼爱。

▲ 图5-13　自然型彩妆（一）

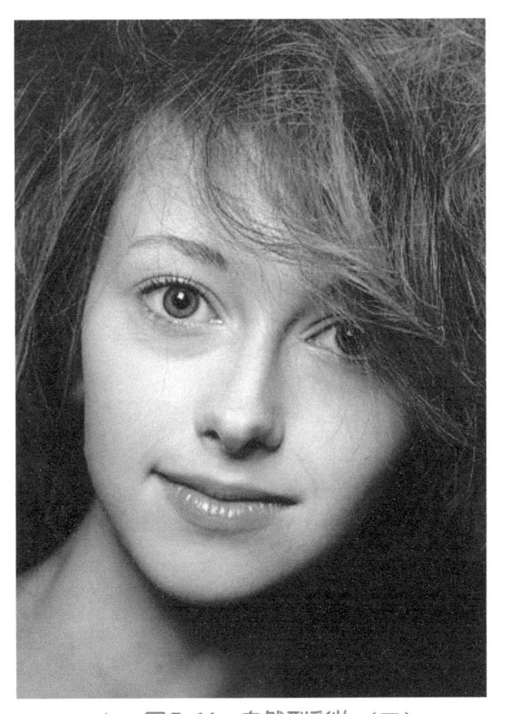
▲ 图5-14　自然型彩妆（二）

二、服装色彩的搭配艺术

服装色彩由无彩色系和有彩色系组成了丰富多彩的色彩世界。无彩色系中的黑白灰，具有素洁、简朴、现代感的特征。尤其是黑与白作为色彩的两个极端，既矛盾又统一，相互补充，单纯而简练，节奏明确，是人们最喜爱、最实用的永恒配色。而有彩色系中的每一种颜色都有独特的色彩感情与个性表现。在现在服装设计中，服饰色彩的情感表达正是诠释流行的最佳语汇。可以将不同的色彩进行组合搭配，表现出热情奔放、温馨浪漫、活泼俏丽、高贵典雅、稳重成熟，冷漠刚毅、反叛创意等变化迥异的风姿风韵。

对于不同类型的服装，流行色的表达也不相同。例如对于经典的服装（西服、职业装等），不适用非常流行的颜色，因为流行色的生命周期很短，会影响服装的经典性，但可以用流行色作为点缀色彩；对于流行时尚的服装，设计师应善于捕捉那些尚未流行而即将流行的色彩元素，使其具有较强的生命力，而不是昙花一现。在形成服装状态的过程中，最能够创造艺术氛围、感受人们心灵的因素是服装的色彩。它是构成服装的重要因素之一。

在服饰中给人的第一感觉首先是色彩，而不是服装，色彩在服饰中是最响亮的视觉语言，常常以不同形式的组合配置影响着人们的情感，同时也是创造服饰整体艺术氛围和审美感受的特殊语言，充分体现着装者的个性。可以说色彩是整个服装的灵魂。服装色彩不是独立存在的，它往往附着于服装材料之上，对于不同基质的材料会产生不同的色彩效果。如同一种色彩在光滑或粗糙的、透明或不透明的、厚重或飘逸的、上光或轧光的面料上会产生不同的视觉效果。

在现代生活中人们对于服装色彩审美能力不断提高，在消费市场，色彩感是燃起消费者购买欲望最直接的因素。因而巧妙地运用流行的色彩语言是至关重要的。有些服装会令人眼前一亮，购买欲望立即被唤起；有的尽管多彩靓丽，却并不能燃起顾客的消费需求，如果没有第一眼吸引顾客的冲击力，那一定是服装的颜色搭配失去了魅力。一种颜色表现的是一种风格，不同颜色能巧妙搭配出千百种非凡风格。选择好衣服的色彩，使其巧妙搭配，对形象与气质有着举足轻重的影响。恰到好处地运用色彩，可以修正、掩饰身材的不足，而且能强调突出你的优点。有些人总认为色彩堆砌越多，越“丰富多彩”，其实效果并不好。服饰美不美，关键在于配饰得体，适合年龄、身份、季节及所处环境的风俗习惯，更主要是全身色调的一致性，取得和谐的整体效果。“色不在多，和谐则美”，正确的配色方法，应该是选择一两个系列的颜色，以此为主色调，占据服饰的大面积，其他少量的颜色为辅，衬托或用来点缀装饰重点部位，如衣领、腰带、丝巾等，以取得多样统一的和谐效果 。总的来说，服装的色彩搭配分为两大类，一类是协调色搭配，另一类则是对比色搭配。

1. 对比色搭配

（1）强烈色配合

指两个相隔较远的颜色相配，如：黄色与紫色，红色与青绿色，这种配色比较强烈。

日常生活中，我们常看到的是黑、白、灰与其他颜色的搭配。黑、白、灰为无色系，所以，无论它们与哪种颜色搭配，都不会出现大的问题，如果搭配得当，还会出现很好的效果。一般来说，如果同一个色与白色搭配时，会显得明亮；与黑色搭配时就显得昏暗。因此在进行服饰色彩搭配时应先衡量一下，确定是为了突出哪个部分的衣饰，如果要突出上衣，就选上衣的色彩是亮色，下装是暗色。黑色与黄色是最抢眼的搭配，鲜艳、活泼（见图5-15），红色和黑色的搭配，非常隆重、醒目，但是却不失韵味（见图5-16）。

▲ 图5-15 黑色与黄色搭配

▲ 图5-16 红色和黑色搭配

（2）补色配合

指两个相对的颜色的配合，如：红与绿，青与橙，黑与白等，补色相配能形成鲜明的对比，有时会收到较好的效果，黑白搭配是永远的经典（见图5-17）。

2. 协调色搭配

（1）同类色搭配原则

指深浅、明暗不同的两种同一类颜色相配，比如：青配天蓝，墨绿配浅绿，咖啡配米色，深红配浅红等，同类色配合的服装显得柔和文雅，如粉红色系的搭配、蓝色系的搭配（见图5-18）。

▲　图5-17　黑白搭配

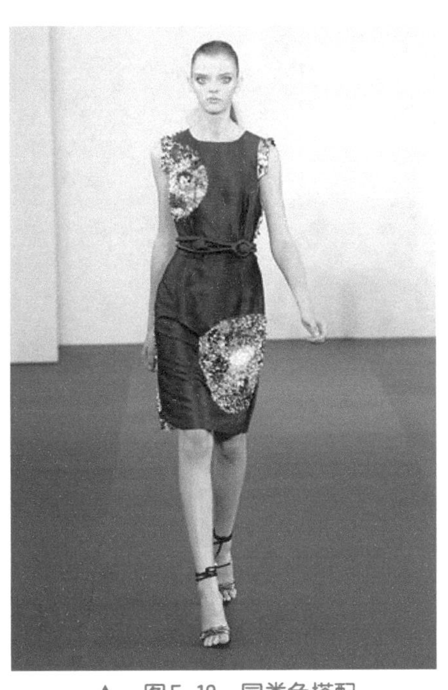

▲　图5-18　同类色搭配

（2）近似色相配

指两个比较接近的颜色相配，如：红色与橙红色或紫红色相配，黄色与草绿色或橙黄色相配等。绿色和嫩黄色的搭配，给人一种很春天的感觉,整体感觉非常素雅。

职业女性穿着职业女装活动的场所是办公室，低彩度可使工作其中的人专心致志，平心静气地处理各种问题，营造沉静的气氛。纯度低的颜色更容易与其他颜色相互协调，这使得人与人之间增加了和谐亲切之感，从而有助于形成协同合作的格局。另外，可以利用低纯度色彩易于搭配的特点，将有限的衣物搭配出丰富的组合。同时，低纯度给人以谦逊、宽容、成熟感，借用这种色彩语言来设计职业女装，会使职业女性更易受到他人的重视和信赖。

在所有的颜色中，蓝色服装是最容易与其他颜色搭配的。蓝色搭配红色，使人显得妩媚、俏丽。如上身穿淡紫色毛衣，下身配深蓝色窄裙，即使没有花哨的图案，也可在自然之中流露出成熟的韵味（见图5-19）。

最活用的是黑色，黑色服装适合各种场合穿着，一般认为白色是它的最佳配色，以黑色为主，以白色为点缀，这种设计清爽自然（见图5-20）。黑色与粉红色搭配，能表现出一种俏丽，是成熟的象征。黑色与红色搭配，色彩极为鲜明。

▲ 图5-19 蓝色的搭配

▲ 图5-20 黑白色的搭配

白色可与任何颜色搭配，但要搭配得巧妙，也需要费一番心思。雪白的感觉，具有寒冷寂寞的性质，白色下装佩带条纹的淡黄色上衣，是柔和色的最佳组合。下身着象牙白长裤，上身穿淡紫色西装，配以纯白色衬衣，不失为一种成功的配色，可充分显示自我个性；象牙白长裤与淡色休闲衫配穿，也是一种成功的组合。白色和鲜明色搭配，引人注目，充满青春魅力，与黑、海军蓝、鲜红、绿、深褐、紫组合可形成一种对比的美感，给人轻柔明快的感觉，颇受女性偏爱。红白搭配是大胆的组合。上身着白色休闲衫，下身穿红色窄裙，显得热情潇洒。在强烈对比下，白色分量越重，看起来越柔和（见图5-21）。

充满魅力的灰色，有各种浓淡色调的变化，灰色套装配上白衬衫，会显得端庄大方，灰色适合与多种颜色相搭配（见图5-22）。衣服颜色是整个人体形象中最具情感特征的部分。衣着配色和谐，给人以优雅高贵的感觉。一般来说，颜色可分为活泼色调、柔和色调、自然色调、深暗色调，以及黑、白、灰色调这三种最有代表性的色调。颜色还代表着不同的意思,搭配服装的时候可以把服装与气质搭配得和谐、一致。

红：活跃、热情、勇敢、爱情、健康、野蛮。

橙：富饶、充实、未来、友爱、豪爽、积极。

黄：智慧、光荣、忠诚、希望、喜悦、光明。

绿：公平、自然、和平、幸福、理智、幼稚。

蓝：自信、永恒、真理、真实、沉默、冷静。

紫：权威、尊敬、高贵、优雅、信仰、孤独。

黑：神秘、寂寞、黑暗、压力、严肃、气势。

▲ 图5-21 白色搭配

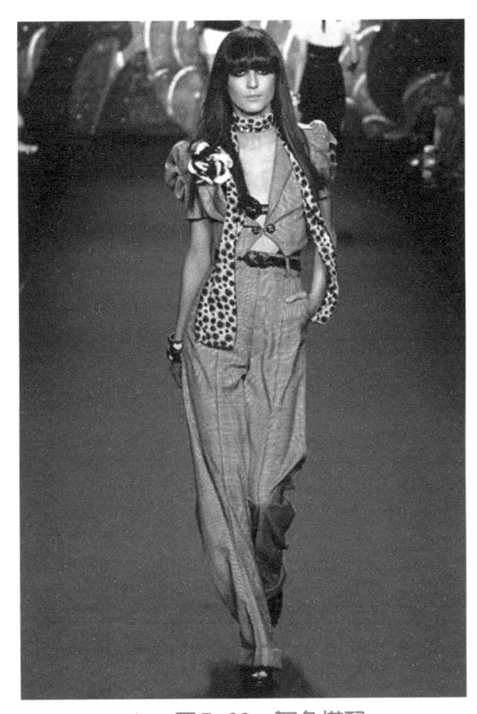

▲ 图5-22 灰色搭配

白：神圣、纯洁、无私、朴素、平安、诚实。

掌握了以上原则，你就可以根据自己的身材、气质、个性去对服装进行配色，从而突出你的身材，展示你个性的热情奔放或娴静温柔。根据以上的配色规律，我们可以按自己的肤色、气质、个性、职业的特点来选择自己的服装配色，用最协调的色彩来装扮自己。

三、服饰配件

服饰配件是服装的重要组成部分，在整体着装时，服饰配件不仅能对服装的实用功能起补充作用，而且它们的造型、色彩、材料、风格还会影响到整体着装的外观美。因此，掌握服饰配件的设计技巧，对提高服装设计能力有着重要意义。

佩饰，指佩戴在人体或服装上的各种装饰品。它既包括人体不同部位或服装上佩戴的头饰、颈带、胸饰、首饰、足饰等，还包括随身携带的包袋、手帕、眼镜等。佩饰是构成整体服饰形象的重要组成部分（见图5-23、图5-24）。

① 服饰配件应具有独立的审美功能。

由于服饰配件的每一件设计作品都要给人以美感，因此设计者应注意运用形式美法则对其造型、色彩、材料、图案进行美的创造，或将自己对大自然、对艺术作品的美的感受提炼出来，运用到服饰配件设计中去，使作品成为一件独立的艺术品，给人带来强烈的艺术享受。

② 在整体着装时，服饰配件的美必须对整体的美起烘托和强化作用。

服饰配件总是与服装的其他组成部分一起出现在人的整体着装的状态中，服饰配件的外观形式必然会影响服装的整体效果。与服装色彩、材料以及图案等相同的各种服饰配件可以

▲ 图5-23 服饰配件（一）

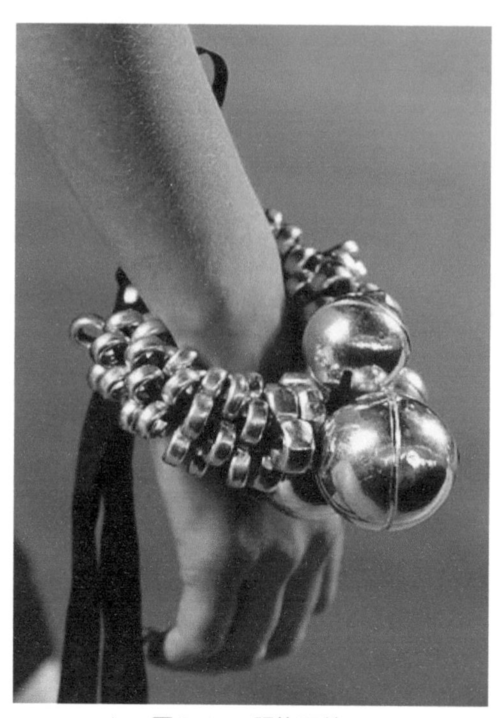
▲ 图5-24 服饰配件（二）

使整体着装产生一种有秩序的节奏美，因此，使服饰配件与服装配套是服饰设计的常用方法。

③ 服饰配件的内在风格要与服装统一。

服装的外在因素的近似和雷同能使服饰配件与服装产生和谐的美感，内在风格的一致也是使它们呈现这一效果的重要手段。如：对传统味、原始味较浓的服装应配置具有原始味的服饰配件；对现代味、都市味较浓的服装则应配置具有都市味的服饰配件。

佩饰必须与服装搭配适当、巧妙，才能构成服饰的规整美；佩饰与服装的组合，总的要求是两点：一是总体气氛的统一，二是二者色彩的统一。佩饰应服从并服务于服装的格调，保持总的气氛的统一。在佩饰与服装的组合中，款式组合不容忽视，但色彩组合占有更重要的地位。

思考与练习

1. 了解把握服装流行趋势的方法，试分析当前的服装流行色彩和特点。

2. 掌握服装搭配艺术，为自己策划出最适合自己的搭配方法。

第六章　服装审美体系

● 第一节　服装审美的基本理论
● 第二节　审美体验

学习目标

1. 了解服装审美的基本知识。

2. 掌握服装审美体验的性质以及特点。

第一节　服装审美的基本理论

一、服装审美的含义

美感具有广义和狭义两种含义。狭义的美感，指的是审美主体对于当时当地客观存在的某一审美对象所引起的具体感受，即审美感受；广义的美感，又称审美意识，指的是审美主体反映美的各种意识形态，包括审美感受，以及在审美感受基础上形成的审美趣味、审美体验、审美理想、审美观念等所共同组成的意识系统。

审美就是感受、感知和创造美，是人类一种主动追求美的实践活动。作为人类一种独特的感性认识范畴，审美以对事物审美特性的直觉判断为心理特征，不同于对世界的纯科学的理性认识。要想把握审美作为感性认识活动的本质特征，就要认识到审美过程总是与特定的感性活动领域密切相关的。审美的意义在于它可以使你在感受美的同时当即获得满足感。审美会在很大程度上影响一个人的生命质量和生活状态。一个审美能力强的人必定是个富有情趣的能对世界保持新鲜感的人，不仅外在的精神气质大有不同，而且他内心所感受到的世界也会很丰富，感受美需要自信松弛悠闲的心态和信任生命的胸怀，在真正的审美过程中，是没有语言和思维参与的。因为感受美是心灵的活动，而不是思维的活动。当思维加入后，就不是在完整地体验了。当你要表达那个审美的经验时，这个过程已经结束，此时语言才能够参与进来。在美面前，被美陶醉时，心灵与魂魄已经被美化；一个人被美化了，他不仅属于美，而且一定能说出美、写出美、画出美、弹出美，一句话，就能创造美。一个懂得审美的民族，是一个能创造美的民族。所以，审美对于一个民族来说是一种民族素养，是把民族带向一个美的境界的力量。

在一定的历史时期内，世界上不同国家、地区、民族的人民，由于受到各自的社会历史、生态习性和文化背景的熏陶和影响，形成了各具特色的服装形式和服装艺术，也形成了不尽相同的衣着审美观念。因此，世界上大多数国家和民族都有传统的服装和穿着习惯，如中国的旗袍、日本的和服等。服装审美是一门综合性的艺术，审美角度要从材质、款式、造型、花色、工艺等多方面来考虑（见图6-1、图6-2）。

服装审美在各个时代的标准是不断变化的。当时代变革、观念更迭时，人们对于服装有时会出现相反的审美心态。从20世纪40年代末到60年代，裤子开始成为日常装。审美终于向健康和文明迈进了一大步。20世纪70年代喇叭裤恐怕是又一次审美意识的创新。自此以后，国际流行开始进入中国的大都市，中国也开始进入了国际时装循环。

随着人们对审美认识的逐渐扩大和丰富，美的表现形式也在不断发展。审美思想从哲学美学中又分离出文艺美学与技术美学。服装审美便应运而生，走上了历史舞台。

20世纪初期，大工业革命的空前发展，市场的极大繁荣，促使服饰行业的大批量生产。经营者从每一位消费者的心理入手，探索如何生产适销对路的服饰，研究如何穿戴打扮能更准确地体现出人的美感。这为服装审美的产生创造了条件和可能性。可以通过服装审美来了

▲ 图6-1　彝族服装

▲ 图6-2　藏族服装

解一个社会的文明程度。服装审美是现代人精神状态的体现，是美化生活、美化社会的一个组成部分，成为衡量个人生存方式与社会生活方式的主要尺度。具体来说，服装审美属于服饰美学的范畴，它研究审美对象，审美意识的特征、本质、规律等，并且揭示审美对象。

审美作为一种意识通过人这一载体在服装审美上表现得尤为明显。人们对服饰的审美活动的意识包含在人们对服饰的选择、试穿和评议等一系列的活动中，从而得出审美的结果。审美作为人类一种基本的活动方式，存在于人类丰富的现实生活中。从根本上说，审美的需要就存在于人类特殊的生命活动中，审美活动就是人类之所以为人的一种最具本质的存在方式。首先，人在审美活动中的存在不同于在日常生活中的存在，它是一种超越性的存在方式。其次，人在审美中的存在不同于在异化活动中的存在，它是一种自由的存在方式。最后，人在审美中的存在不同于人的现实存在，它是一种应然的存在方式。从上面三点可知，审美活动是最具有人的本质或本真性的存在方式。

二、服装审美的特性

审美活动作为人把握世界的特殊方式，是人在感性与理性的统一中，按照“美的规律”来把握现实的一种自由的创造性实践。

1. 审美活动的特征

① 审美活动以一种审美的眼光看待人类的生活与生产劳动。这里面又包括了两层意思：一是在生活与生产劳动过程中，人能够按照“美的规律”来创造。在这一创造过程中，人克

服了完全受制于外部自然的被动性，真正实现了合规律性与合目的性的统一；二是人类生活与生产劳动的静态成果，以其美的外在形式、合规律性与合目的性相统一的内容，感性地显现了人的自由自觉的本质，从而使人能够以愉快的心情对这一成果进行审美观照。

② 由于审美活动已经从物质的生产劳动中独立出来，它所体现的审美价值不是隐藏在实用价值背后，而是已经在人类生活和劳动生产及其成果中占据了主导地位，因此，这时的审美价值将以特殊的形式成为衡量一切生活与生产劳动合理与否的重要尺度。

③ 在审美活动中，对生活与生产劳动过程及其结果的把握，更多是从感性形式方面进行的。审美活动从直观感性形式出发，始终不脱离生活与生产劳动过程及其结果的直观表象和情感体验形式。审美活动同时伴有一定的理性内容，会在理性层面上引发人们的深入思索。与一般认识活动不同，审美活动中的理性内容并不以概念为中介，而是以情感、想象为中介，以形象为载体。正由于这样，审美活动才得以保持着自由的独立品格。

1963年匈牙利著名哲学家、美学家卢卡契的重要美学著作第一卷《美学》问世。该书总结了作者近半个世纪以来对美学研究的成果，产生了广泛的世界性影响。美国学者E.巴尔认为：该书以马克思主义反映论和历史主义为指导，对人类的审美反映和艺术的基本特性作了哲学的和社会学的系统分析。服装审美的特性取决于日常生活的穿着需要，面料、款式和色彩所创造的服装美。

2. 审美分为审美主体与审美客体

审美主体与审美客体的形成是在人类审美活动中，人与对象、主体与客体始终处于一种对立统一的状态。而审美主体与审美客体的形成，真正体现了人类生产劳动的发展成果及其水平。主体与客体真正具有审美的性质，审美主体和审美客体的真正形成，是在“自然的人化”过程中实现的，即是在人类生产劳动过程中现实地生成的。审美主体与审美客体是一对动态范畴而非实体范畴，它们随着人类生产劳动的发展而走向内容的丰富性。

审美主体是在人类征服客体存在的生产劳动过程中产生出来的，是在生产劳动过程中对象化了的现实的人。而审美主体则是有着内在的审美需要、审美心理机制，并现实地承担着审美活动的人。审美主体的性质具有以下主要特征：

① 审美主体是在具有社会属性前提下的个体性与群体性的统一；

② 审美主体是主动性与受动性的统一；

③ 审美主体的心理机制是在人类长期的生产劳动过程中形成、丰富和发展起来的。

审美客体是被审美主体所感受、体验、改造的具有审美属性的客观对象，是在生产劳动中人化了的对象。

① 审美客体不是固定不变的，而是随着人类征服自然、改造社会能力的提高而不断变化发展的，它的变化发展标志着人类生产劳动的历史进程。

② 审美客体的发展有着一个由生活形态到审美意象再到艺术形象的变化过程。早期人类由于生活范围的狭窄，想象力的贫乏，其对于外部事物的感知也常常局限于周围与他们密切相关的生活现象。

③ 人对自我的认识与体验也是审美客体的一种重要形式。人对自我的认识与体验，是伴随主体地位的形成而发展起来的。

3. 审美主体与审美客体的相互作用

审美活动中的主体与客体双方是一个对立统一的矛盾体。在审美活动中，审美主体与审美客体既相互制约、相互作用，又相互依存并共同推动人类审美活动的发展，从而不断扩大了人类的审美范围，提高着人们的生活质量。审美主体的存在又依附于审美客体的产生。审美主体的情感、意志、想象等主观因素都要受到客体存在及其性质的制约。所以，在审美主体与审美客体的关系中，客体对主体具有决定性作用，而审美主体对审美客体的反作用则主要表现为：首先，审美主体本身审美能力的丰富和提高，促进了审美客体范围的扩大；其次，审美主体以感性与理性的统一为特征，体现着对客体存在的特殊认识，审美主体的活动不仅是一个由审美意象形成到审美（艺术）创造的过程，同时也是一个特殊的认识过程，体现着审美主体对客体存在规律的了解与把握；再次，审美主体以其审美创造实现了对审美客体的反作用。审美创造是以客体存在为模本的，但同时它又在主体个人情感的基础上，创造性地丰富和拓宽了客体的审美形象，并在客观真实的基础上实现了艺术的真实。审美创造能动地体现了审美主体对现实生产过程的再创造，它一方面表现出审美主体对生产过程中人的本质力量的肯定和确证，另一方面它那超越客体现实的创造性因素，极大地提高了人们探寻客体奥秘的信心和勇气。审美主体对审美客体的能动的反作用，审美客体对审美主体的决定性作用，都是以矛盾双方相互依存、共同发展为前提的，它们都以审美活动为共同存在体，具体地体现着人的本质力量。

三、服装审美的感觉和知觉

1. 服装审美的感觉

服装审美的感觉在于多样化的统一，内容丰富而有条理的整体美，即变化而统一、对比而协调，这个原则可以泛指各个历史时期的服装审美标准。

（1）服装要适应季节变化

要根据防暑御寒的生理需要，选用合适的服装。冬季的服装保暖性要强，服色宜浅不宜深；春秋两季气候宜人，衣服厚薄要适中，服色与款式可以丰富多样些（见图6-3）。

（2）服装要与自己的年龄、性别相适应

根据大众审美心理，选择与自己年龄、性别相适应的服色与款式的服装，能使人产生舒适感。如色彩鲜艳、款式多样、以图案点缀的童装，符合儿童天真、活泼可爱的特点；色彩淡雅、款式庄重的服装，符合中老年人老成持重的特点。

▲ 图6-3　夏季服装

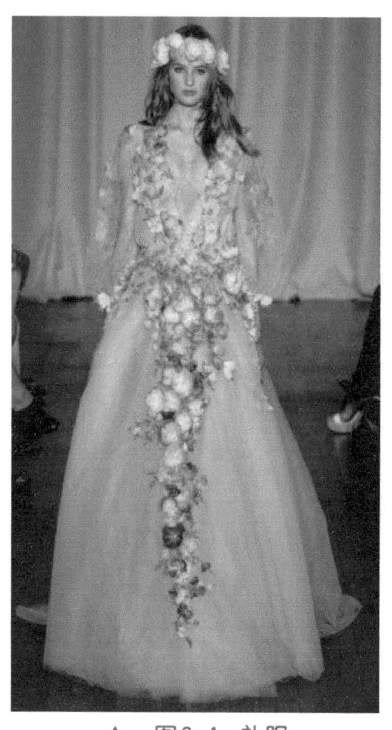
▲ 图6-4 礼服

（3）服装要与自己的职业身份相适应

职业服装以端庄、简洁、大方为主，色彩不宜过于鲜艳。男士的上班服装，以夹克衫和西装最为普遍。在比较正式的场合，西装的上、下身质料及颜色要相同；女士的上班服装，其质料要好，宜选不易起皱变形的，透明、发光的都不合适。

（4）服装应适合自己的体型与肤色

应根据自己身体的特点，选择合适的服装，扬长避短，尽可能做到衣着匀称，色彩调和。体型不完美的人，可通过服装颜色与款式的变化，造成人们视觉上的错觉，从而得到适当的弥补。浅颜色使人产生向外扩展感，深颜色使人产生收缩感。

（5）服装要尽可能体现人的个性特点

服装是个性的外在表现之一，一个人的性格、兴趣爱好、文化修养和生活理想等内在特点，总是有意无意地在穿着上表现出来。如夹克衫、运动装能体现热情奔放、充满活力和随意潇洒的风度；中山装则能显示人的沉着庄重、老成稳健的个性，礼服体现华贵典雅的个性（见图6-4）。

2. 服装审美的知觉

① 西方当代美学将美感说成“审美知觉”。作为知觉的美感，它必然在头脑中出现了一个完整的表象，鲜明而又生动。这表象是审美客体对人的最初的反映。

② 它是不自觉的知觉。美感的产生往往是不经意的，自然的。主体为客体的审美潜能所激发，不期然地眼前一亮，顿时将对象摄入脑海，形成审美知觉，并伴之以激动与愉快。

③ 无意识突然觉醒，参与审美的体验与认识。

④ 上下直观，实现思维。直觉虽然是知觉，但它在瞬间完成了思维的飞跃。这是直觉本质的特点，也是它与一般知觉最根本的区别。

⑤ 在审美的愉快中，主、客界限瞬时消失。直觉相应就有四个特点：形象性、非自觉性、无意识性、思维性。

四、服装审美的价值

我国有史以来就具有瑰丽的服饰文化，且各具特色。随着社会经济的发展和人们生活水平的不断提高，人们的生活品味越来越高，对服饰的要求远远要超过它的实用价值。审美观念也正在发生转变，因此服装设计的审美价值引起了更多的关注。服装设计的审美价值具体体现在：是否具有个性特征，是否符合时代特征的需求，是否能给人们带来丰富的审美感受。

审美价值是客观的，因为它含有现实现象的、不取决于人而存在的自然性质，也因为它客观的、不取决于人的意识和意志而存在着这些现象同人和社会的相互关系，存在着在社会历史实践过程中形成的相互关系。研究审美价值，其中包括艺术价值复杂多样的本质的必要性，既取决于理论任务，又取决于实践任务。审美价值和艺术价值的意义不仅在于形成人们一定的价值定向，而且在于创造全面和谐发展的个性。科学地研究人对现实审美关系的价值方面，旨在解决同加强审美教育和艺术教育的效果有关的最主要的一些问题。忽视审美的价值本质，就不能揭示美的标准。人的审美关系历来是价值关系，没有价值论的态度，要认识它原则上是不可能的。审美关系的客体本身具有价值性。

审美价值是客观的，它存在着在社会历史实践过程中形成的相互关系。审美评价则是主观的，是对价值的主观关系的表现，它既可能是真的（如果它符合价值），也可能是假的（如果它不符合价值），因此，必须严格区分价值和评价的不同含义，两者的区别犹如客体和主体的实践关系和理论关系的区别。那种把审美理解为主客观的统一的观点是完全错误的，因为它没有充分地划分“价值”和“评价”两种概念之间的区别，混淆了人们对现实的实践关系和理论关系。审美关系作为客体和主体的相互联系而存在。在社会历史实践基础上产生的人类审美关系的实践，导致审美关系的客观方面和主观方面都获得了相对的独立性。主观方面的发展形成了人们的审美能力，但同时审美关系的客体在谁也不感知它时同样存在，因此，应该把具有参与人对世界审美关系的能力的客体，称为审美客体、客观审美价值或者现象的价值属性。客观审美、审美价值或者审美属性作为审美体验的前提，绝不等同于审美体验，只有当审美感知过程中，审美关系的客体与人具有的审美能力之间发生接触时，审美体验才有可能产生。

服装艺术是以服装为载体的对现实生活和精神世界的反映，也是服装设计师和服装设计行为的发生者的知觉、情感、理想、意念综合心理活动的有机产物。它创造的不仅是一种精神产品，也具有强烈的造物功能。服装艺术具有艺术的普遍共性，同时也具有区别于其他艺术形式的个性特征。服装艺术具有强烈的以使用者穿用为核心的造物目的。服装作为实用艺术具有强烈的造物功利目的，而且是要生产能为他人所穿用的物质本体，就必然围绕使用者的“他”而展开，有时候，为满足使用者对于服装物品的需要，设计者甚至需要牺牲部分艺术自我。在物质相对匮乏的时代，对于保暖防寒功能的追求是服装造物的主要目的；而在物质产品丰富的剩余经济年代，服装物品的精神映射功能则更加为服装艺术美所强调，服装艺术的创作思维和表现受到人体穿用和服用材料的限制，纯艺术作品作为独立的艺术品无需依附任何东西，有明确的主题、风格和表现手段。艺术家可以相对自由地发挥自己的想象。而出于造物穿用的目的，服装活动是设计师围绕人体概念展开的，对于人体的美好的展现和修饰，是服装艺术作品的重要内容。服装作品均依附于人体而使其外部物质形态受到人体体型的限制。服装艺术的物质材料则多半以纺织品为主，服装的艺术语言也必然受到服用材料特性的限制。

审美价值的特性如下。

① 愉悦性　愉悦性是其表层的也是基本的特点，审美愉悦包含感官愉快但绝非生理性的官能快感，审美愉悦以情感为中心，以人自身为最高目的。

② 形式的特殊意义　审美价值载体的形式必须是感性的，审美价值载体的形式具有相对独立性，并且这种相对独立性是有限的，审美价值载体的形式是“有意味的形式”。

③ 审美媒介　媒介直接就是生产力，媒介通过改变主体、改变对象、改变借以把握对象的工具和形式来改变审美和艺术，艺术媒介与审美价值本体不能分离，特定的审美价值只能由特定的艺术媒介来实现，一种媒介的产生，可能意味着一种新的审美价值形态的诞生。

④ 审美价值还具有亲身体验性、不可转述性、单渠道传输性、主客针对性。

第二节　审美体验

一、审美体验的含义

在现代西方美学中，对“审美体验”的理解并不一致，因而对它的含义的界定也各不相同。一般把审美体验理解为主体感受、体验、创造美的经验。具体又分为广义和狭义两种：广义的理解是把审美体验等同于审美意识，认为它包括主体的审美观点、趣味、态度、感受、理想等；狭义的理解认为它是审美意识的主要组成部分，是在审美活动中，伴随着审美对象与主体同时生成，主体在全身心地投入中对审美对象的反应、感受和体验，它是主体和对象之间的一种活生生的动态关系，而不仅是主体的意识或精神。

二、审美体验的性质和特征

（1）审美体验的性质

审美体验最根本的性质是它的实践性。

① 审美活动的实践性，决定了审美体验具有人生实践的性质。

艺术活动本身就是艺术家的审美的人生实践，是与艺术家探求人生真谛、追求艺术真理的人生实践相统一的。它的目的不是去把握业已存在的客观知识，而是真实地记录艺术家的人生体验和感悟。

② 审美体验的实践性导致了它的创造性和生成性。

艺术家在艺术实践中获得的审美体验，是一种切身的感觉和体验，是在实践中领悟到的人生价值和意义，它不等同于对象的属性，而是主体的精神创造为社会生活所增添的新维度。

③ 艺术家的审美体验必然要和艺术接受者的人生实践发生密切的联系。

艺术欣赏不仅是对接受者知识水平和审美修养的考验，而且是对接受者道德和人格境界的审视和检阅；如果接受者在人生实践中达不到相应的境界，艺术作品的价值功能就得不到充分的实现；反过来，优秀的作品正是因为渗透着艺术家对社会人生的积极评价，洋溢着艺术家的人生理想和智慧，才能给接受者以智慧的启迪和美的享受。

（2）审美体验的特征

① 感性直观性　指审美活动中，主体凭借自己的感觉器官而非绕道理性思维，直接和

对象打交道，而对象也是以自己的感性形式而非内在本质，直接地而不是间接地呈现给主体，从而在主体与客体之间建立起一种感性直观的关系，即审美关系。主体在审美活动中所形成和获得的审美经验也因而具有感性直观性。

② 超功利性　康德在论述审美判断时指出审美无关利害的关系。所谓利害关系，就是对象实际存在使人满意与否，从而引起人的愉快或不愉快，而这种愉快或不愉快，主要与主体的欲望直接相关，而与美的对象本身无关。作为审美体验的愉快，主体对对象的存在（内容、质料等）不关心，没有目的、不含概念、不含欲望，通过纯粹静观获得纯粹的精神性愉快。

③ 感知与情感相伴随　情感体验是审美体验的核心和动力。在审美体验中，情感活动和感知活动互相激发、互为因果。一方面，情感作为审美体验的激发因素构成了感知活动的动力；另一方面，感知活动所产生的经验材料也因此而具有情感的色彩，由此而产生的就不是抽象的概念，而是活生生的、充满生机的意象。

④ 自由无限性　指审美体验具有使人的本质得以全面、丰富、健康的展现与发展的特点。这是审美的最高目的的表现。第一，审美体验中，人的主体能力被全面、充分地调动起来，并且处于一种整体和谐并得到最大限度发挥的境地。第二，审美体验是一种与对象相交融的体验。第三，审美体验是充分展示自身与对象存在的高级体验。

⑤ 非理性的显性表征　从总体上讲，审美体验是理性因素和非理性因素的统一，但与别的体验形式相对而言，非理性特点表现尤为突出。多重非理性因素的存在，使审美体验具有不自觉性和突发性、非逻辑性、直觉性等特点。

三、审美体验的心理基础

审美需要最初是在人们生存层面上的生理感受和心理体验中产生和发展起来的，在历史沉淀过程中逐渐形成的审美习惯、审美制度、审美传统。随着自然科学的发展，服装美学的研究开始从哲学思辨向科学实验等方法转变，人们对于审美体验的认识也开始深入到人的深层心理结构。黑格尔主义者鲍桑葵提出了“使情成体说”，他对美感问题的分析较为深刻。他认为要进行审美活动，除了审美态度、审美感官以外，审美主体还必须具备一定的审美能力。人们从其生理感受和心理体验出发对能刺激他们感官和影响其情绪的意象赋予相当明确的含义和意图，观赏者也会按照此意图来解读这些意象，但由于生产方式、生活环境的改变，人们更易于按照当下生产和生活的需要去接受刺激其器官、影响其情绪的新的意象，疏远了与生产、生活相伴而产生的感知方式和审美情趣，从而产生了新的审美需要。随着自身的发展以及外来经济文化的冲击，原生态民族的审美需要不断被同化或弱化，如何在不断趋同的同时又合理保留和开发自己的审美观念是个亟待解决的课题。

根据现代心理学的研究成果，审美体验的心理基础可从纵向和横向两个方面来分析：从其横向结构上来看，包括智力、意志、情感的因素；从纵向结构上看，可分为无意识、潜意识、意识等因素。

思考与练习

1. 掌握服装审美的含义以及性质。

2. 掌握服装审美体验的性质以及特点，并运用审美知识分析著名服装设计师的1～2幅作品。

第七章　服装审美变迁的影响因素

- 第一节　思想政治因素
- 第二节　社会文化因素
- 第三节　科技经济因素

学习目标

1. 了解服装审美变迁的思想政治因素。
2. 掌握服装审美变迁的科技和文化因素。

第一节　思想政治因素

思想价值因素的影响

思想价值因素对于服饰审美具有重大的影响，以“现代主义”、“超现实主义”、“后现代主义”三种思潮为代表。

现代主义（Modernism）是20世纪初以后西方各个反传统的文学流派、思潮的统称。现代主义文学深受康德、尼采、威廉·詹姆斯等人的哲学、心理学理论的影响。现代主义在思想内容方面的最大特征，是在人与社会、人与人、人与自然（包括大自然、人性和物质世界）和人与自我四种关系上表现出来的尖锐矛盾和畸形脱节，以及由之产生的精神创伤和变态心理，悲观绝望的情绪和虚无主义的思想。现代主义强调表现内心的生活、心理的真实或现实；认为艺术是表现，是创造，不是再现，更不是模仿；在艺术风格上，广泛运用意象比喻、不同文体、标点符号甚至拼写方法和排列形式来暗示人物在某一瞬间的感觉、印象和精神状态；许多西方学者认为，20世纪70年代以后，现代主义已经逐渐被后现代主义所取代。

超现实主义（Surrealism）是在法国开始的文学艺术流派，源于达达主义，并且对于视觉艺术的影响力深远。于1920～1930年间盛行于欧洲文学及艺术界中。探究此派别的理论根据是受到弗洛伊德的精神分析影响，致力于发现人类的潜意识心理。因此主张放弃以逻辑、有序的经验记忆为基础的现实形象，而呈现人的深层心理中的形象世界，尝试将现实观念与本能、潜意识与梦的经验相融合。它的主要特征是以所谓“超现实”的梦境、幻觉等作为艺术创作的源泉，认为只有这种超越现实的“无意识”世界，才能摆脱一切束缚，最真实地显示客观事实的真面目。超现实主义使传统对艺术的看法有了巨大的影响。时装设计师中运用超现实主义最成功的是埃尔莎·夏芭亥莉（Elsa Schiaparelli）。她的超现实主义的饰品极具想象力，各种装饰性极强的纽扣，幽默的风格，形成了一种“丑陋的雅致”。

后现代主义（Post Modernism）是20世纪50年代以后欧美各国继现代主义之后前卫美术思潮的总称。抽象表现主义将超现实主义倡导的表现潜意识的创作理论加以发挥，并赋予画家的主体的行动，开辟了后现代主义的先河。真正的后现代主义始于波普艺术，以示现代城市文明的种种性格、特征和内涵。波普艺术以新奇、活泼、性感的手段来刺激大众的注意力，同时向实际生活渗透而产生综合艺术。

中国古人的服饰审美意识深受古代哲学思想的影响。“天人合一”的思想是中国古代文化之精髓，是儒、道两大家都认可的哲学观，是中国传统文化最为深远的本质之源，这种观念产生了一个独特的设计观，即把各种艺术品都看作整个大自然的产物，从综合的、整体的观点去看待工艺品的设计，服饰亦不例外。对服装而言，指服装的着装季节、着装环境，及衣料的质地和剪裁手法，只有这四者和谐统一，才有精妙设计。

二、政治因素的影响

政治因素的影响显现在中国历史传统的历朝历代，每当改朝换代之时，都会出现“衣冠制度的变革”，以此来展现新时代的来临。

20世纪前半叶汉族服装为之一变，根本原因取决于朝代更换，政治因素的影响，也是受西方文化冲击所产生的必然结果。辛亥革命使得近三百年发辫习俗改变，也废弃烦琐衣冠，并逐步取消了缠足等对妇女束缚极大的习俗。清末至新中国成立前的一段时间内，中国经历了迅速而巨大的变化，政治、经济、军事、文化各方面都处在激烈的斗争和动荡之中。旧事物在斗争中没落、衰亡，新事物在斗争中产生，发展。这时的服饰正处在新旧交替、西方文化东渐的形势之中，其最大进步，在于以服饰划分等级的规定，已随着帝制的没落而彻底消亡了。

20世纪20年代末，民国政府重新颁布了《服制条例》，20世纪30年代时，妇女装饰之风日盛，服饰改革进入一个新的历史时期。男子的服装以长袍与西服为主，中年人及公务人员则穿着长袍、马褂，头戴瓜皮小帽或罗宋帽，下身穿中式裤子，脚穿布鞋或棉靴。青年或从事洋务者穿西服戴礼帽。 资产阶级进步人士和青年学生则穿着中山装和学生装，头戴鸭舌帽或白色帆布阔边帽。中山装式样原为九纽，胖裥袋，后依据国之四维（礼、义、廉、耻）确定前襟四个口袋；依国民党五权分立（行政、立法、司法、考试、监察）确定前襟五个扣子；依三民主义（民族、民权、民生）确定袖口为三个扣子。也穿戴中西合璧样式的长袍、西裤、礼帽、皮鞋。这时期女子服饰变化很大，主要出现了各式袄裙与不断改革之中的旗袍（见图7-1）。袄裙一般是上衣窄小，领口很低，袖长不过肘，袖口似喇叭形，衣服下摆成弧形，有时在边缘部位绣有花边，裙子后期缩短至膝下，取消折裥而任其自然下垂，也有在边缘绣花或加以珠饰的。旗袍实际上是未入八旗的普通人家女子穿着的长而直的袍子。20世纪20年代初，旗袍普及到满汉两族女子，款式袖口窄小，边缘渐窄。20年代末，缩短长度，收紧腰身，形成改良旗袍（见图7-2）。改良之后，仍不断变化。头发的样式有螺髻、舞风、元宝等，在民国初年流行一字头、刘海儿头和长辫等，20世纪20年代时兴剪发，30年代时兴烫发。

1949年中华人民共和国的成立，标志着我国走入一个崭新的历史时期。这是一个以工人阶级为领导以工农联盟为基础的人民民主专政国家，从开国伊始，即与封建主义和资本主义划清界限，注意批判资产阶级生活方式，这自然会涉及服装以及着装方式。当时在一些原为半封建半殖民地色彩极浓的沿海城市中，市民受西方国家着装规范的熏染，在一定程度上保留了西装革履、旗袍和高跟皮鞋以及一套潜移默化的西方着装礼仪。西洋服饰的遗痕连同原老城区的非常严格的传统长袍马褂着装习俗，在工人、农民的服饰形象面前，显得陈旧。因为这些服饰形象极易与被批判的封建买办资本家或土地改革时农村地主的服饰形象产生重合。

新中国的政治宣传使人们对西装革履、旗袍和高跟皮鞋的着装产生一种情绪上的抵制。工装衣裤，圆顶有前檐的工作帽、胶底布鞋和白羊肚毛巾裹头、戴毡帽头儿或草帽、中式短袄和肥裤、方口黑布面布底鞋、从前苏联学来的方格衬衫和连衣裙等，成了新事物、新生命的代表。城市妇女则在蓝、灰列宁服外套里穿上各色花布棉袄，这是典型的工人和农民的

▲ 图7-1 旗袍

▲ 图7-2 改良的旗袍

服饰形象。工农装的潮流发展到1966年6月的时候，即史无前例的文化大革命运动发起时，辫发和金银戒指、耳环、手镯等成为封建主义的“残渣余孽”；烫发、项链已成为当然的资本主义的腐朽事物。当“文革”高潮迭起时，人们认为最革命的服饰形象应是中国人民解放军军人形象。“全国人民学习解放军”口号的发起与响应的同时，掀起了全民着装仿军服的热潮。军服潮波澜壮阔地发展，在中国内地每一个角落都引发了热烈的响应，并延续了近二十年。直至20世纪80年代末，军用棉大衣还为各阶层男女老少所钟爱。

20世纪70年代末80年代初改革开放以后，大多数着装者先是面料趋向考究，做工讲究高档，然后才是向款式上的新颖过渡，开始有选择地学习西方，进而强调个性。中年男性争着做蓝呢子料的中山服，以作礼服。穿西装已不新鲜，青年人则大力追赶世界新潮服饰。但是这时也出现了着装上的几个不平衡现象，一是世界最新时装与一些着装陋习并存。在街上，既可看到最时髦且遵守国际T.P.O（即英语时间、地点、场合）原则的服饰形象，也可看到光脚穿拖鞋、穿睡衣的着装形象。二是穿西装却不懂西装规制，不撕掉新衣袖上的商标以显示名牌，或是将西装前襟两粒纽扣全系上以示郑重等，表现出在西装穿法上的不成熟。三是服饰西化之风日益严重，在与国际接轨的口号声中，中国服饰的优秀传统面临严峻的挑战。在走向世界的大形势下，在扭转以前向重体力劳动者服饰倾斜努力的同时，要提倡保护中国传统的服饰文化。

20世纪80年代后期，社会更加开放，中国的民族文化又一次向西方文化敞开了更宽阔的胸怀，同时表现出高度的“包容性”，又一次使中国人向国际化跨出了一大步，改革开放带来了观念的更新，文化的繁荣，经济的高速发展，为服装多样化的流行提供了极好的条件，从西服热到运动装热，从喇叭裤到萝卜裤、到牛仔裤，从高跟鞋到名牌运动鞋，流行很快，跟进时尚成为一种新的价值观，深入到人们的日常生活当中。

第二节 社会文化因素

一、社会因素的影响

在服饰审美价值的变革中，社会因素是一项非常关键的因素，特别是透过“社会风气”和“社会规范”的项目，来作为一种审美价值变迁的基础。

文化传承和各种艺术，是社会生活的外显，来源于社会生活，又高于社会生活，成为服饰的文脉，以一种强劲的美的表现倾向，裂变为各种审美元素，影响甚至制约着各地、各民族服饰美的走向；专制政治控制更使得服饰美的表现要素受到严格的监控，成为民族的、地理的服饰所特有的审美规范。这种体制的打破，才能使文化艺术传承朝着美的规律前行。它与文化艺术传承的纵向牵制的同时，还有一种文化艺术传承的横向即民族性、世界性影响，也对服饰美的走向发生影响，进而形成特定的审美元素，于是便有了所谓服饰发展的国际性走向。

近代民俗变迁是近代社会变迁的重要组成部分。中国服饰习俗源远流长，各时代都有绚丽多彩的服饰。至清代中国服饰则多以长袍马褂为主，女子则穿旗袍。服饰具有体现等级森严、褒衣博带特点，这些弊端与近代人的平等要求以及日益加快的生活节奏很不协调。为此，部分中国人开始接受西式服饰。20世纪初，当时青年穿西服的人渐多起来。在学生中穿洋服的人已不在少数。当时的出“洋”留学生更多着洋装。清灭亡后，曾出现过“洋装热”，中国服饰中的西方因素不断增加。值得一提的是，中山装则是近代中西服饰合璧的最典型的标志。

20世纪以来，中国服饰历经剧烈的变迁。20世纪上半叶，外国衣料、西方服装款式输入我国，西方的服装制作工艺方法也传入我国，上海等大城市的教师、公司、洋行和机关办事员等，开始穿着西装，长衫马褂作为主要的礼服仍有一定的地位。孙中山先生提倡的由西式服装改革成的中山装，对西式服装在中国的生存起了很大的作用，西式的西服、连衣裙、制服、套裙等很受欢迎。尤其是五四运动以后，一批知识分子从国外带回西式服装，穿制服和西服等短装的人多了起来，西风东渐，民主革命风起云涌，封建社会的衣冠之治随之解体，中国服饰的发展由古典时期开始转入现代化时期。轻便合体的西式服装，逐渐替代了传统的宽袍大袖；中山装与旗袍，以其中西合璧的风范成为流行的经典。新中国成立后，服饰的发展朝向革命化和素朴化方向演进，中山装与列宁装象征革命和进步，是这一时期的主流服饰。文革时期，服饰沦为纯粹的政治符号，传统的长袍、马褂和西式服装被列入“四旧”范畴，受到激烈批判，代表无产阶级革命立场的绿军装在服饰舞台上“一统天下”。改革开放以后，服饰发展呈现出多姿多彩、变化万千的风貌，伴随服饰的西化与全球化，传统服饰有所复兴，中国服饰文化开始走向自觉。

二、文化因素的影响

服装是特定文化价值观和规范的物化表现，在不同的文化环境下，由于人们的价值观念、宗教信仰、风俗习惯的不同，造成了人们在穿着观念和穿着行为上的差别。服装是一种文化的表现，服装文化是人在自然环境、社会环境的相互作用中所发生、发展、变化的。服装是人们审美意识的反映，是人们表达思想感情的方法。文化是生活的样法，服饰位居衣、食、住、行之首，既体现了人们的物质生活方式，又折射出时代的精神文化风貌。服饰是时代之镜，文化之表征，服饰的发展与演进，始终与社会文化的变迁紧密相连。

着装既是一种个人行为又是一种社会行为，人们穿着服装扮演各自的角色，在群体中工作、生活、与他人交往，衣着本身表明了他的身份地位，反映了他在社会的交往中对礼节、礼仪的重视程度，文化不是静止的、固定不变的。服装外观变化的外显性常常成为文化变迁的标志，当人们开始穿着西装和牛仔裤的时候，表明对西方文化的接受。西式服装具有简洁、便利、实用的特点、更能适合现代人工作环境和生活环境的节奏，所以民族传统的服饰向西方的服饰进行转变，并逐渐地深入到吸收其背后所包含的社会文化和精神文化的象征性的意义，这就是服饰的文化变迁。

服装是作为社会人的一个组成部分存在的，它既是一种物质的外壳，同时也是人的自我意识、自我观念的外在表现。人的这些意识形态是受了文化圈、地域文化的影响。社会文化是一个地区的思维方式和生活方式的汇集，是在特定自然环境和社会环境中经过长期的濡化形成的。每个人都生活在一定的地域环境和社会文化圈内，他（她）的着装除了受到服饰自身文化的影响外，也受到大文化圈的影响，这种差异就造成了不同地区的人不同的价值取向、审美观以及他们的生活方式，当然还有穿衣习惯。

例如西方服装的巴洛克风格就充分体现了文化因素对服装的影响，巴洛克风格是从建筑上形成的，进而影响到绘画、音乐、雕塑以及环境美术的。风格为绚丽多彩、线条优美、交错复杂、富丽华美、自由奔放、富于情感；或是装饰性强、色彩鲜艳且对比强烈，在结构上富于动势，因而整体风格显得高贵豪华，富有生气等。由于巴洛克风格几乎概括了17世纪总体艺术风格，历来被评论家们认为，它勇于创新，但过于诡诞不经；它欢乐豪华，又过于堆砌；它的立面雄健有力，但往往形体破碎……不过，不论巴洛克风格受到怎样的肯定或否定，都无损于巴洛克风格本身的光辉，反而进一步说明了它在人类文化发展史中的独特意义和重要位置。17世纪的女服，最时髦的是佩饰品和衣服上的装饰，初期女子不戴帽时，高高的头饰上仍然戴着宝石。女裙的最大变化是，以往撑箍裙都需要撑箍和套环等固定物，而这时有些妇女已经免除了过多的硬质物的支撑，这是一百年来第一次形成布料从腰部自然下垂到边缘。在从肥大型向正常型过渡的过程中，妇女们常把外裙拽起，偶尔系牢于臀部周围，这样其实比以前显得更肥大。可是由于故意把衬裙露在了外面，因此又给下装的艺术效果增添了情趣与色彩。衬裙都是用锦缎或其他丝织品做成的，有的还镶着金边，自然值得炫耀一番（见图7-3、图7-4）。

20世纪90年代以来，流行服装上的前卫风格，分别演绎了从20世纪50年代、60年代到70年代以来的表现风格，前卫的街头文化，即表现为20世纪50年代的“垮掉的一代”，60年代的“嬉皮士”，70年代的“朋克”，80年代的“雅皮士”，直到90年代的“X一族”。

▲ 图7-3　巴洛克风格（一）

▲ 图7-4　巴洛克风格（二）

前卫的服饰风格成为他们反叛的一种精神象征，反映了西方反叛、以自我为中心的一代，因对现实的失望与厌倦，只好在前卫风格的文化圈子里，寻找其精神寄托的社会现实。这时的服装也就反映出当时人们的精神文化生活，因而对后来的服装设计风格具有重大影响。

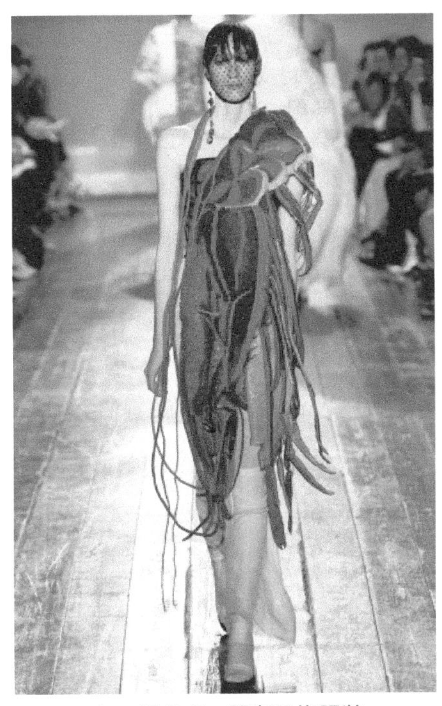

▲ 图7-5　朋克风格服装

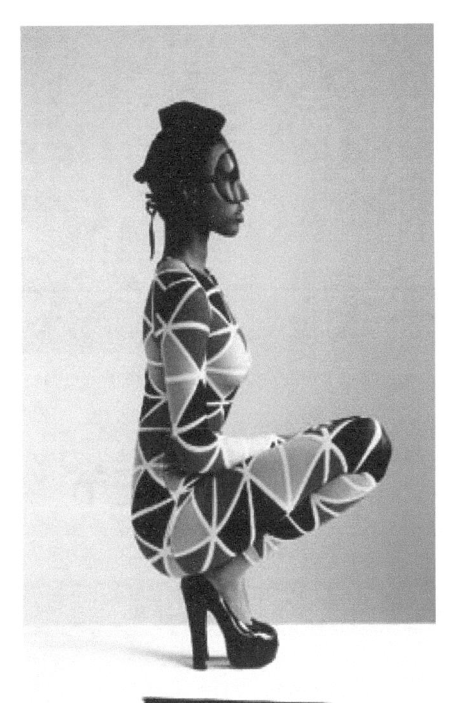

▲ 图7-6　嬉皮士风格服装

朋克风格是20世纪70年代中叶兴起的一种着装风格独特怪异的群体的代名词。朋克们以极端的方式追求个性，又带有强烈易辨的群体色彩。他们穿着黑色紧身裤、印着寻衅的无政府主义标志的T恤、皮夹克和缀满亮片、大头针、拉链的形象，从伦敦街头迅速复制到欧洲和北美。他们不像嬉皮士那样脏兮兮，也不像嬉皮士在富于凝聚力的群体形象的背后所具有的共同理想。他们用奢华来制造破落，戏剧化的衣饰带有精心布置的痕迹。朋克的风行极大地影响着高级女装的流行趋向（见图7-5、图7-6）。

2008年春夏，Ali MacGraw经典嬉皮形象再次回归时尚舞台，在呼唤叛逆的精神革命中，本季更增添了自由健康却精致的妆容向往，更加野性不羁，更加细腻活泼。看似未经打理的中分柔软长发是嬉皮艺术的妆容重点。经过精心护养过的头发，无需刻意卷过或拉直，像洗过略干后随意披散在肩头，松软飘逸，充满蓬松感，自然流露出随性率真的气质。肤色则强调明净细腻、自然健康的脸庞，使用带有闪亮效果的打底霜，令底妆呈现皮肤质感和光影变化，搭配肉褐色的唇膏。这样的妆容比1967年真正意义上的嬉皮年代诞生时的造型更加贴近生活——丢弃波希米亚式的串珠装饰，以真我的本色面貌示人（见图7-7、图7-8）。

▲ 图7-7 嬉皮形象彩妆展示（一）

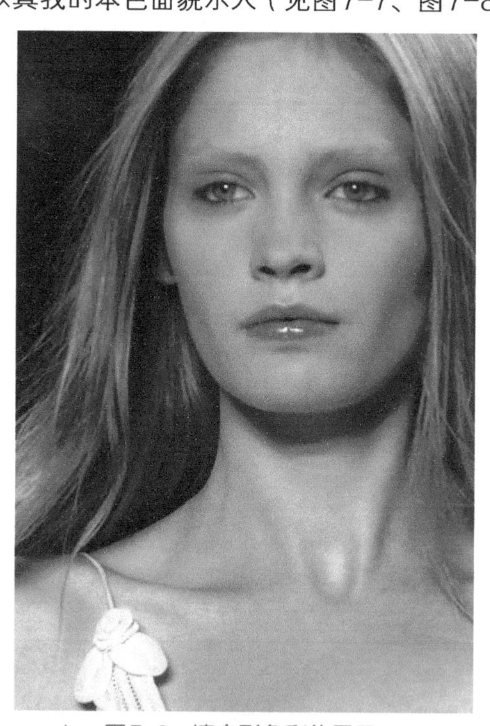

▲ 图7-8 嬉皮形象彩妆展示（二）

第三节 科技经济因素

一、科技因素的影响

科学技术的发展，对于服装审美价值的改变，以及服装产业的发展都有着直接的影响。新型纤维的应用、新颖面料的问世、染织工艺的改进，都给服装设计与生产开拓了广阔的创新途径。

科技改变了人类的审美价值。举例而言，发动于18世纪的工业革命，改变了人类的生产模式，以机械方式的生产来代替手工或简单的自然力。在服装方面，服装机器的出现，造成服装大量的快速生产，家庭用缝纫机的产生，也造成了服装的制作方式的改变。缝纫机的发明开创了缝制成衣的生意，战争时期对军服的需要成为服装业进一步机械化和标准化的促进因素，1860～1865年间，缝纫机的数量增加了一倍，陆军部给服装制造商提供了关于士兵系列等级尺寸，这就产生了服装标准尺码的概念，当然这些改变也都造成了服装审美价值的改变，进而出现了一种具有规格标准化的服装的款式。

随着科技的发展，以现代高新技术为背景，以各种新的合成纤维高弹力织物（如莱卡）为素材的“前卫派”们，从20世纪60年代的皮尔·卡丹、帕克·拉巴那等未来派大师的作品中受到启发，用富有生气、轮廓分明的造型，加上击剑、滑雪、摩托车运动那些富有速度感服装的机能性，为人们展示出表现尖端技术“图解式”的未来景象。尤其是世纪之交，蒂尔里·缪格勒设计的“科幻女装”（Lady Chrysler）又将人们带入了一个神奇的未来时装世界。科技的发展给人们的生活带来了方便，给服装业带来了更广阔的发展空间，使人类的生活日臻完善。

二、经济因素的影响

经济因素对服装审美价值变迁的影响是相当显著的，例如唐代是我国政治、经济高度发展，文化艺术繁荣昌盛的时代。隋唐时期，我国南北统一，疆域辽阔，经济发达，中外交流频繁，体现出唐代政权的巩固与强大。如西北平突厥，在高昌与庭州设两个都护府，管辖天山南北以及巴尔喀什湖和帕米尔高原；东北定靺鞨，设置两个都督府并任命靺鞨族首领为都督；西南安吐蕃，以文成公主嫁于松赞干布，加强汉藏人民联系；在云南少数民族聚居地区设南诏政权，并输送先进的文化与技术，以扶植南诏。通过“丝绸之路”打开的国际市场，为各国人民互通有无创造了有利的条件。当时，唐代首都长安是亚洲经济文化中心，各国使臣、异族同胞的亲密往来，无疑促进了服饰的更新与发展。

唐朝的男装在服色上有很多讲究，团领袍衫是隋唐时期士庶、官宦男子普遍穿着的服饰，当为常服。一般为圆领、右衽，领、袖及襟处有缘边。文官衣略长而至足踝或及地，武官衣略短至膝下。袖有宽窄之分，多随时尚而变异，也有加襴、褾者，其某些款式延至宋明。 服色上有严格规定，袍服花纹，初多为暗花，如大科绫罗、小科绫罗、丝布交梭钏绫、龟甲双巨十花绫、丝布杂绫等。至武则天时，赐文武官员袍绣对狮、麒麟、对虎、豹、鹰、雁等真实动物或神禽瑞兽纹饰，此举导致了明清官服上补子的风行。 初期以一幅罗帕裹在头上，较为低矮。后在幞头之下另加巾子，以桐木、丝葛、藤草、皮革等制成，以保证裹出固定的幞头外形。中唐以后，逐渐形成定型帽子。名称依其演变式样而定，贞观时顶上低平称“平头小样”，高宗和武则天时加高顶部并分成两瓣，称“武家诸王样”，玄宗时顶部圆大，俯向前额称“开元内样”，皆为柔软纱罗，临时缠裹。幞头两脚，初似带子，自然垂下，至颈或过肩，后渐渐变短，弯曲朝上插入脑后结内，称为软脚幞头。中唐以后的幞头之脚，或圆或阔，犹如硬翅而且微微上翘，中间似有丝弦，以令其有弹性，称为硬脚。

唐朝的女装主要分为襦裙服、胡服两种配套服饰。襦裙服主要为上着短襦或衫，下着长裙，佩披帛，加半臂，足登凤头丝履或精编草履。头上花髻，出门可戴幂离。上襦很短，成为唐代女服的特点。襦的领口常有变化，如圆领、方领、斜领、直领和鸡心领等。盛唐时有袒领，初时多为宫廷嫔妃、歌舞伎者所服，后连仕宦贵妇也予以垂青。袒领短襦的穿着效果，一般可见到女性胸前乳沟。襦的袖子初期有宽窄二式，盛唐以后，因胡服影响逐渐减弱而衣裙加宽，袖子放大。衫较襦长，多指丝帛单衣，质地轻软，与可夹可絮的襦、袄等上衣有所区别，也是女子常服之一。裙料一般多为丝织品，但用料却有多少之别，常以多幅为佳。裙子的颜色多为深红、杏黄、绛紫、月青、草绿等，其中石榴红色的裙子流行时间最长。服饰，作为精神与物质的双重产物，与唐代文学、艺术、医学、科技等构成了大唐全盛时期的灿烂文明。唐对外贸交易发达，生产力极大发展，较长时间国泰民安。尤其当盛唐成为亚洲各民族经济文化交流中心的时期，更是我国文化史上最光辉的一页。

又如20世纪90年代以来，欧美国家经济一直处于不景气状态，能源危机进一步加强了人们的环保意识。重新审视自我，保护人类的生存环境，资源回收与再利用等观念成为人们的共识。“回归自然，返璞归真”，在这种思潮的指引下，生态热不断升温，表现在现实生活中，当然也包括时装在内。各种自然色和未经人为加工的本色原棉、原麻、生丝等织造的织物成为维护生态的最佳素材，代表未受污染的南半球热带丛林图案及强调地域性文化的北非、东南亚半岛等民族图案亦成新宠，印有或织有植物、动物等纹样，甚至树皮纹路、粗糙起棱的面料都异常走俏。在服装造型上，人们摈弃了传统对于服装的束缚，追求一种无拘无束的舒适感。休闲服、便装迅速普及，内衣外观化和“无内衣”现象愈演愈热，这些也充分说明了经济因素对服装审美价值变迁的影响。

思考与练习

了解服装审美变迁的思想政治、科技文化因素，并举实例说明四种因素对审美变迁的影响。

第八章　服装艺术创作风格

● 第一节　服装艺术创作的含义
● 第二节　服装艺术创作的方法和风格

学习目标

1. 了解服装艺术创作的意义。

2. 掌握服装艺术创作的风格。

第一节　服装艺术创作的含义

一、艺术创作的含义

艺术创作是艺术家以一定的世界观为指导，运用一定的创作方法，通过对现实生活的观察、体验、研究、分析、选择、加工，提炼生活素材，塑造艺术形象，创作艺术作品的创造性劳动。艺术创作是人类为自身审美需要而进行的精神生产活动，是一种独立的、纯粹的、高级形态的审美创造活动。艺术创作以社会生活为源泉，并不是简单地复制生活现象，实质上是一种特殊的审美创造。艺术家是艺术创作的主体，其生活积累、思想倾向、性格气质、艺术修养是艺术创作得以顺利开展和最终完成的基础和前提。

艺术家创作艺术作品，总是从特定的审美感受、体验出发，运用形象思维，按照美的规律对生活素材进行选择、加工、概括、提炼，构思出主观与客观交融的审美意象，然后再使用物质材料将审美意象表现出来，最终构成内容美与形式美相统一的艺术作品。

艺术创作的动机，大致有以下四大类：泄情动机、兴趣动机、成就动机、私欲动机。在各种各样的创作动机中，只有符合艺术创作活动的审美性质和规律的，才能创作出真正的艺术作品。艺术创作与艺术欣赏、艺术批评彼此制约，有着紧密的联系。艺术创作是艺术欣赏和艺术批评的基础和前提，为欣赏和批评生产对象。没有艺术创作，就没有艺术作品，也就没有艺术欣赏和艺术批评。艺术欣赏和艺术批评对艺术创作又具有反作用，具体表现为：艺术欣赏以“消费”的形式刺激艺术“生产”，从“消费”方面赋予艺术“生产”以切实的社会价值和功能；艺术批评则从理论上指导、影响艺术创作，从而沟通创作与欣赏的关系。艺术创作是十分复杂、艰巨的精神劳动，它要求艺术家必须具有高尚的思想情操、深厚的生活积累、丰富的审美经验、出众的艺术才能和娴熟的艺术技巧。

艺术创作与时代生活之间的关系，以西方现代艺术为例，艺术创作是艺术真实情感的有意识表现，这就决定了艺术与社会生活不可分离。在历史和社会中的人类情感，大都是社会矛盾的产物。所以它的表现，都带有发现问题和揭露矛盾的性质。当然艺术家未必自觉到这一点，他们往往只是渴望并努力说出自己的真实感受。这项把情感转化为可以视听的形式的工作，实际上也就是把个人的东西转化为社会的东西的工作。主观体验变动不居、不可以重复，它只能属于个人。一旦它被固定化，就有可能同时引起许多人的体验并影响他们的思想和行为，从而成为一种改变客观现实的实际力量。历史的动力是人类创造世界的劳动。艺术创造是创造性劳动的一部分，是作为在物质生产的基础上进行的精神生产而作用于历史进程的。

从历史来看，艺术的觉醒往往是社会思潮发生变迁的先声。大的方面如达·芬奇、米开朗琪罗、莎士比亚的创作，先于启蒙运动的兴起；小的方面如克尔凯郭尔、陀思妥耶夫斯基和卡夫卡的创作，先于存在主义的流行。从可以严格考察的历史时代起，几乎没有一种新思想不曾先期在艺术中得到表现。远在现代物理学的时空观向经典物理学的时空观作出强有力的挑战以前，现代派绘画就已经以类似的时空观念向古典实现主义的时空观作出了强有力的挑战。不仅如此，现代派画论向中国古典美学的靠拢，也十分恰当地预示着现代物理学向古代东方哲学的靠拢。这并不是因为艺术家更高明，而是因为他们更多地依靠的是感性而不是理性。所以他们往往只提出问题而不解决问题。

历史在飞快地前进，并不停留下来等待人们下结论，而当结论出来的时候，它往往已经过时了。在这个过程中，文化、思想领域那些革命性的突破都是由于新问题的提出，而不是由于已被承认的理论结论的推行。相对于理性结构而言，感性动力的一个最主要的优越性就是使选择保持开放。因为理性如果不引导思维遵循一个单一的普遍原理和一种单一的通用方法，不接受任何事实上假设和谋求任何统一认识，它就不可能形成结构体系。这一切原理和法则作为思想的构架都是有用的，如果没有感性动力注入一种深刻的怀疑精神和批判精神，我们自己的思想构架也就会成为束缚我们思想的罗网。相对于科学与哲学而言，艺术更多地依靠感性而不是理性。所以当科学家和哲学家还在解释既成的现实现象时，艺术家已经在提出新的疑问了。

艺术的生成，也反映出“人”的生成。众所周知，人之所以为人，是从他不是把自己作为大自然的一部分，而是把大自然作为自己的对象，按照自己的观念和需要进行加工改造的时候开始的。也就是说，人之所以为人，是从他把自己作为自由的主体从自然必然性的支配下解放出来的时候开始的，这个过程在原始艺术中得到了完整的反映。古神话、陶器、建筑物、洞窟壁画中出现的人的形象，往往是和动物结合在一起的。或人面蛇身，或人面鸟身，或人面狮身……都无不是从人到动物的过渡的象征。约两万年前法国西南部洞窟出土的象牙雕刻的少女头像，外形上固然具有人的特征，但那强烈的野性却使得它更像动物。乌斯宾斯基笔下的佳普什金，甚至因为看到这个雕像，才发现自己是一个“人”，才发现自己应当像“人”一样地生活，并被当作“人”来对待。这不是偶然的。所以艺术和社会生活的密切关系，并不意味着社会的繁荣必然导致艺术的繁荣。从历史上看，情况往往相反，往往现实生活愈是黑暗痛苦，理想主义愈是强烈鲜明，人类的情感也愈是炽热和深沉，因而艺术也就愈是发达。所以在历史上，艺术的发展并不总是和经济的发展相平行的。中世纪欧洲的艺术水平，大大低于荷马和菲狄亚斯的时代，社会发展了，艺术反而没落了。17世纪的荷兰，经济正在欣欣向荣，而伦勃朗后继无人。18世纪最优秀的作品出现在最野蛮的德国。19世纪的俄罗斯，是当时经济最落后、政治最黑暗的国家，而俄罗斯文学的辉煌成就，远远超过了当时任何最先进的工业国家。历史上那些最伟大的艺术家们的命运，例如屈原、司马迁、杜甫、伦勃朗、凡·高、米开朗琪罗、贝多芬、曹雪芹等人的命运，都是非常不幸的。正是这种不幸，孕育了他们的艺术。正如韩愈所说，文章是“穷而愈工”，现实的社会生活绝不是艺术家的敌人。它造成痛苦和失望，但对于艺术激情的产生来说，这恰恰是必要的准备。

社会生活对艺术创作的影响，其中社会生活对艺术创作的第一个阶段有着最直接的影响。最典型的例子是欧洲17世纪的荷兰小画派和唐宋时期的人物画，都是艺术家观察生活和忠实地表现生活的范例，画面上都带有鲜明的时代印记，对当时的生活场景作了最真实生动的记录，表现了人对世俗生活的热爱。艺术发展到现代阶段，从造型手段上往往较含蓄，甚至带有很多非写实的因素，但是丝毫没有削弱艺术家对社会生活的体验。比如毕加索的《格尔尼卡》和达利的《大战的预感》表现的都是当时战争的消息对艺术家的情感最真实的冲击。另外，社会生活的积累也是一个艺术家的修养中不可缺少的部分，丰富曲折的生活体验是艺术创作的基本材料和前提条件。往往涉世的深浅，会直接影响到看问题的深刻程度，这种思想深度与文化修养则直接决定了艺术作品的格调与品味。

二、艺术风格的成因

服装艺术风格的形成有主观与客观两种原因。主观原因是服装艺术家个人的出身、经历、修养、习惯、才智、世界观、审美情趣等。客观原因是艺术家所处的社会历史条件与他所生活的具体环境。主观原因与客观原因交融着发挥作用，存在决定意识，环境对性格的形成产生着重大影响，反过来讲，性格决定命运，人有什么样的性格，就会使适应这一性格的机遇发挥作用。主观原因是服装艺术家风格形成的内因，客观原因是服装艺术家风格形成的外因。

服装艺术家的出身对其风格的形成具有重大作用。安东尼奥·卡斯瓦斯·德尔·卡斯蒂洛（Antonio Canovas del Castillo）出身贵族，对于上流社会的生活比较熟悉，本人的行为举止也因此带有绅士风度，他的服装作品优雅、端庄、秀丽，富有宫廷品味与沙龙情调，这种风格就是其贵族血统的外化，要他追求平民感觉是很难的事。从一定意义上说，出身是服装艺术风格形成的先天要素，有些活跃的艺术家阅历丰富，其创作风格与出身似乎没有关系，更多地带有后天痕迹，但是如果认真地研究起来，总会发现蛛丝马迹，叛逆并不彻底。

师承关系对服装风格的形成具有导向作用。服装艺术家在成熟之前总有一个学习与摸索的过程，从模仿到创新是一个必须经历的阶段，无论是直接师从或者间接师从，内容都是前人的经验。詹·克罗德（Jean Claude）生于意大利，年轻时崇拜吉文奇（Givenchy），作了入室弟子，老师要求他“一切都追求完美”，这种设计理念对他的影响极大，为其后来成名打下了坚实的基础。个人素质类型是服装艺术风格形成的主导成因。个人素质类型就是服装艺术家的综合主观要素，他的哲学、政治、道德、美学和宗教思想都有可能外化为服装艺术作品主题，哪项要素发挥决定性作用，以什么样的形式发挥作用，是因人而异的，关键要看服装艺术家主导的审美意向是一种什么样的状态，意向影响意象，意象产生形象。

社会各种思潮是服装艺术家风格形成的背景成因。能够影响服装艺术家创作思想的要素非常复杂，面对某一思潮，设计者是顺应还是悖逆，具有选择性，是主观因素与客观因素相互作用的结果。背景要素是时空统一体，同样的亚文化环境，时代变了，背景要素也会发生变化，满清贵族文化在辛亥革命以后从僵守到苟且，便是两种不同的消沉，封建贵胄与遗老遗少服装上的差别不但有经济原因，也有心情原因。

在当代社会，人们的绿色意识在日益强化，工业文明对自然环境的破坏，使人们发现了它不文明的一面，保护生态环境，热爱我们生存的地球，成了社会关注的重大课题，自然美成了人们向往的理想。这就是服装界许多田园风格作品问世的根本原因，人们对现实失望了，也会产生怀旧心理，高扬古风成了非常流行的追求。

第二节　服装艺术创作的方法和风格

一、服装艺术的古典风格

所谓“古典主义风格”，主要指具有古典主义特征的合理、单纯、适度、制约、明确、简洁和平衡的艺术作品风格。古典主义的现代服装设计，其总体风格同样是反装饰的，它没有过分的花哨和惊世骇俗，追求对于人体美好的展现，强调理性和纯洁并力求完美，而这种完美性正如黑格尔所言是“植根于内在的自由个性与这种个性借以显现的外在存在之间的彻底的互相渗透”。

古希腊和罗马服饰是古典主义的服装之源。服装中的古典主义风格源起于古希腊。古希腊的服装和雕塑一样，强调对人体自然美好的推崇。它一般属于块料型，大多不用缝纫，以各种形状和品种的材料披覆和包缠在身上，用别针、金属扣或腰带等固结或系结，充分表现了人体的自然之美。基同和希玛申是希腊服装的基本形式。缕缕下垂的衣褶使人联想到希腊柱式的特点：贯通柱身的条条凹槽在阳光照耀下显出优美的明暗变化与层次，所不同的是希腊人衣服上的褶纹随着人体的动作会不断地千变万化，更富有活动的韵律和节奏。

受到新古典主义艺术思潮的影响，在18世纪女服的样式和整体风格开始有了较大的转变，裙撑变得越来越小直到完全消失，服装趋向于自然、柔美，烦琐装饰也随之消失，洛可可风格也就此宣告衰落。在20世纪90年代的最后几年里，女服中古典主义倾向更加显著，完全露出了自然的身体曲线。

19世纪拿破仑一世时期的帝政风格服装是新古典主义的典型映射。女装塑造出类似拉长的古典雕塑的理想形象。及乳的高腰设计，线形具有明显转折的袒领、短袖，裙长及地，用料轻薄柔软，色彩素雅，装饰很少。裙装自然下垂形成了丰富的垂褶，对于人体感的强调与古希腊服装非常相似。裙以单层为主，后又出现采用不同衣料、不同颜色的装饰性较强的双重裙，并把前中或后身敞开，露出内裙。男装也趋向简洁和整肃。

在20世纪的服装设计中，有很多具有明显的古典主义因素的泛古典主义服装。古典主义被宽泛地引申为最佳的、第一流的、有公认而无可争议之价值或地位的风格。用于服装，常指那些符合传统而不那么时髦花哨的、不前卫的、非最新款式的衣饰。泛古典主义服装又可以分为窄义和广义的古典主义风格。

1. 窄义的古典主义风格服装

主要指继承了或在较大程度上受到古希腊和罗马服装和帝政风格影响的作品。维奥妮、格蕾、伏契尼和玛丽·麦克菲登等20世纪前期的部分设计作品堪称是其典型代表，他们的风格相对稳定，带有浓郁的古典雕塑风味和强烈的唯美主义倾向。而21世纪初因为雅典奥运会的举办，在一些服装设计中也明显可以见到对于古希腊传统的继承。

2. 广义的古典主义风格服装

一般指任何具有简洁单纯的构思、典雅端庄的效果、稳定合理的设计的服装作品。它们也可以被更加确切地形容为古典的或者是经典的。女装中此类风格的代表如香奈儿和瓦伦蒂诺的套装、巴伦夏加和詹姆斯的比较简洁的晚礼服、已故的布拉斯的传统男装风格的女服以及卡尔文·克莱恩和DKNY的便装。就男服而言，英国式的西服经常被形容为古典的，典型的如保罗·史密斯。强调合身的裁剪、精细的做工、上乘的面料、沉稳的色彩，穿着搭配一丝不苟，并把装饰降低到最低限度，而这种传统可以上溯到19世纪初布鲁曼尔所倡导的纨绔子弟风格。特别是在女装方面。例如，以自然简单的款式，取代华丽而夸张的服装款式；又如，排除受约束、非自然的“裙撑架”等（见图8-1、图8-2）。

▲ 图8-1 古典风格（一）

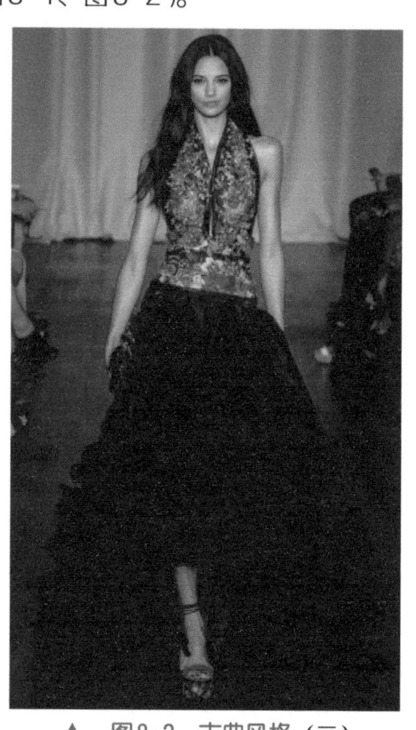

▲ 图8-2 古典风格（二）

二、服装艺术的梦幻风格

梦幻风格的服装带有理想主义色彩，表现着一种神奇、猜度、自由、浪漫的非现实感觉。有时梦幻风格流露的是对现实失望者的自我迷醉，有时透露出宗教主义者的神秘莫测，有时显露出未来主义者的无限畅想。这类服装与生活的距离都比较远，不愿意融入主流社会，用幻想代替现实，用避世来代替入世，用非理性来代替理性，用个人化来代替社会化。梦幻风格的服装款式有时比较怪诞，但是又没有嬉皮服装的躁动，是宁静的梦。

梦幻风格是一种形象说法，不是一个非常准确的概念，只是为了理解上的方便。梦幻风格比较浪漫，更经常地出现在服装表演的舞台上，配合着灯光与音响，容易创造出奇幻意境。梦幻风格服装反映的是理想主义格调,展示着一种奇幻、猜度、非现实的感觉,或是表现对现实失望者的自我迷醉,寻找沉迷后的“幻视”乃“世纪病”,它在服装上反映出来并不奇怪。从本质上说，梦幻风格有一种否定现实追求理想状态的趋势，与其产生的原因相联系，它有两种类型。

第一种是未来型的梦幻作品。这类服装充满诱人的想象，有科幻感觉，视觉冲击力强。科学幻想是基于科学的，所以这类作品不像热抽象艺术那样以紊乱来刺激视觉，而是在造型要素的有序排列中追求奇特效果。新材料常常会给未来型梦幻服装带来创作机会，如果面料本身的光、色、质感非常有个性，设计师就可以顺势将其典型化，起到锦上添花的作用。第二种是宗教型的梦幻作品。与未来型不同，这是一种远避现实，努力走向人类内心的追求，服装本身不张扬，但是有品味深度。这种类型的作品有一定的神秘色彩，甚至有幽灵般的感觉（见图8-3、图8-4）。

▲　图8-3　梦幻风格（一）

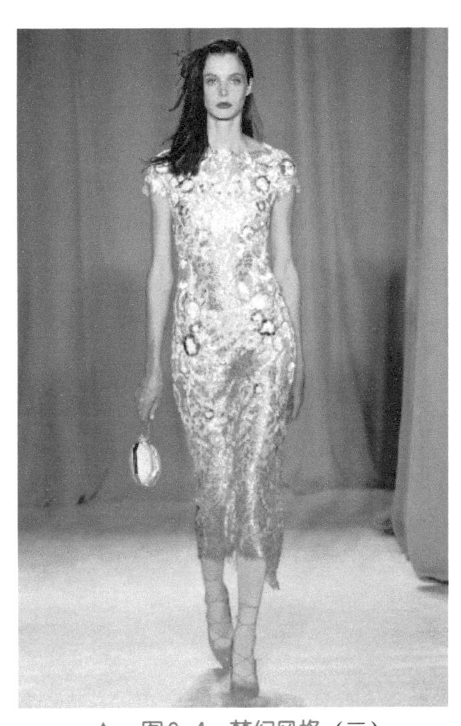

▲　图8-4　梦幻风格（二）

三、服装艺术的抽象风格

抽象风格是现代艺术中一个引人注目的流派，它否定了具象艺术，淡化了艺术模仿生活的痕迹，用形式直接诉诸人的精神，使各种意义符号化，使美趋近于简化，图形和色彩的概括性把形式的审美价值提高到了登峰造极的程度。人类艺术在写实与写意此起彼伏的潮流中发展着，现实主义与浪漫主义各有自己的巅峰状态，20世纪是艺术进行各种试验、人们反传统的意识最为强烈的时期，随着创造技法的发展，艺术符号经历了千百年的进化，逐渐成熟并发达起来，形式本身的独立审美价值展示在世人面前，形式主义摆脱了生活真实与心理真实，独自走进缪斯殿堂，抽象概括能力成为一种新的创作本领。

多年来都有不少时装品牌先后在时装上印上大师名画图案，创造抽象艺术的风格。Saint Laurent、Marni、Dolic&Gabbana、Prada、Galliano等多个超级名牌，服饰都免不了沾上水彩油画色彩。虽然一众品牌在设计上各具特色，但所选用的油画图案都偏向抽象色彩，包括印象派风格的抽象花卉图案油画。Yves Saint Laurent在其初春系列上，已出现了多款水彩泼画图案的服饰。品牌掌舵人Stefano Pilati将美国著名画家CyTwombly的著名泼墨及胡乱潦草画作，变成了色彩缤纷的抽象图案制作了多款裙子。Marni和Galliano比YSL还要早一步，推出了艺术油画色彩的服饰。Marni继秋冬充满童真色彩的粉彩画图案后，如今的春夏品牌就改玩了富有表现主义和印象派味的花卉图案，印在招牌式的阔身裙子上；至于Galliano，以拼贴的形式，在裙子上印上大小不一的油画图案，色彩斑斓夺目，很是醒目（见图8-5、图8-6）。

▲ 图8-5 抽象风格（一）

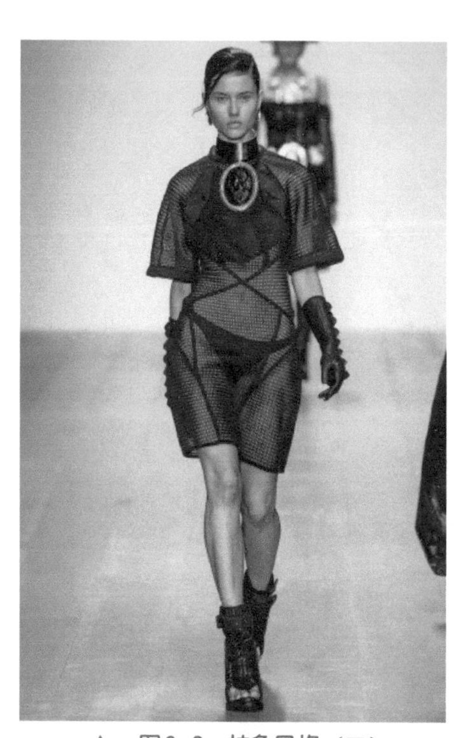

▲ 图8-6 抽象风格（二）

四、服装艺术的职业风格

职业风格的着装对象主体是白领阶层，源于工装，超越工装，是一种有职业感觉的主体审美状态，它表现在有品味追求的职业装与有职场特征的生活装中，是工作与生活一体化的表现。这类服装作品大都比较干练。如果说都市风格具有城市的夜幕色彩，职业风格就有阳光特色。这类服装的设计要符合安全、适用、美观、经济的基本原则。职业服装本身的形式美的法则与日常服装一样运用点、线、面、色彩、材料质感、缝制工艺、服饰搭配等设计要素相互产生的统一与变化、对称与非对称、平衡与节奏等艺术风格上的美感。职业服装整体性与工作环境的协调性是其审美性的另一特征，是除满足单件服装的审美性要求之外，在群体穿着时与特定环境共同所形成的协调美、整体美。整体审美性可以更大限度地提高企业、团体的文化品位。这一点在设计时，应从宏观上对服装造型、色彩、材料等设计元素加以把握和控制。

职业风格有两个显著特点。首先是简洁，形式参与要素比较少，装饰的面积比较小，使用起来谨慎，强调感觉的整体性。职业风格突出功能主义创作方法，适应写字楼里的活动。形式简洁就为主体内涵的表现提供了机会，外饰细节不会抢夺视觉注意。其次是力量，职业风格的服装一般比较严肃，颜色偏冷，直线条多，款式也不夸张，表现在女装上，有比较明显的男性化特征，暗含妩媚。

职业风格是二战以后发展起来的。战中和战后的一段时间里，英、美两国实施纤维和面料的配给制度，华丽的服装被禁止，人们似乎又回到了实施奢侈禁令的中世纪，只要实用，不要艺术，着装对工作有利就行，与生活品位无关。即便是在这种情况下，设计师们的审美天性还是推动着他们寻找表达审美感受的机会，莫利努（Molimo）的“实用装”，有效地利用了配给的面料进行设计，虽然被追求美的女性们称作“无味的服装”，但是这类款式加了垫肩，臀部窄小，衣长裙短，已经透出了现代职业风格的力量感。

职业风格的着装主体是白领阶层。知识经济的发展，使包括智力产业在内的第三产业已经超过制造业，发展为社会第一经济支柱。公司职员的队伍越来越庞大，许多蓝领员工在机电一体化的环境里工作，通过自动装置控制生产，不直接进入操作过程，也被称为“灰领员工”，也可以被看成是白领阶层的边缘部分。这种队伍的日益壮大提高了职业风格服装的地位，使其成为举足轻重的审美时尚。

著名服装设计师赫斯顿（Heston）对现代职业女性的生活十分熟悉。他发现20世纪60年代以前，时髦的妇女喜欢用穿戴来显示财富。而后来则有了显著变化，她们白天不再标新立异，而是希望与其他人有认同感，大众化的服装非常容易使她们融入社会，穿着上要讲求轻便舒适，不要招致别人异样的眼光，适应了这种心理变化，赫斯顿在成衣、雨衣、连衣裙、饰物、鞋子、珠宝、香水、皮件等方面都取得了成功。

时装的职业化风，与休闲运动风开始并驾齐驱，频繁出现在前沿时尚的舞台上。特别需要指出的是，与“大刀阔斧”的总体风格的改变相比，设计师们更喜欢从小处着眼，以局部征服整体，职业化的风格元素只是体现在纽扣、领子、腰带、袖口等细节的处理上（见图8-7、图8-8）。

近年来，军装款式成为我国女性最流行的服装样式，在2007～2008年的秋冬女装市场上，军装元素更是大放异彩，除了吸引人的造型，符合女性职业风范也是其流行的一个因素，一条极有线条感的腰带往往更彰显女军官的干练本质。军服意味的翻领、束腰不仅显出女性身材，也显得端庄、优雅，这类服装是上班一族衣橱里的必备。领子上以不对称处理，除了使服装整体上有了朝气外，还透出某种时尚气息，而黑色裙子用了整整三排纽扣作出的变化更是为此，女式军装有了腰带就显得干练，列宁服，小翻领，双排粒扣，紧袖口。如果职业上没有硬性规定，那么除了套装之外，还是有很大的选择余地的。空姐制服加上丝巾就显得俏丽，2007～2008年的秋冬女装市场，演绎的空姐制服风，特别体现在女性风衣上，简洁的领子和并排的扣子都给人严谨和时尚的职业化做派的感觉，只是因为脖子上搭配上了一条别致的丝巾后，就让一个俏丽的空姐形象突显出来了。

职业服装的色彩不宜过于夺目，以免干扰工作环境，影响整体工作效率。应尽量考虑与办公室的色调、气氛相和谐，并与具体的职业分类相吻合。袒露、花哨、反光的服饰是办公

▲ 图8-7 职业风格（一）

▲ 图8-8 职业风格（二）

室服饰所忌用的，服饰款式的基本特点是端庄、简洁、持重和亲切。服装款式应注重整体和立体的职业形象，注重舒适、简洁、得体，便于走动，不宜穿着过紧或宽松、不透气或面料粗糙的服饰。正式的场合仍然以西服套裙最为适应；较正式的场合也可选用简约、品质好的上装和裤装，并配以女式高跟鞋；较为宽松的场合，虽然可以在服装和鞋的款式上稍作调整，但切不可忘记职业特性是着装标准（见图8-9、图8-10）。

▲ 图8-9 职业着装（一）

▲ 图8-10 职业着装（二）

职业女性着装的原则如下。

① 过分花哨、夸张的款式绝对要避免；如果是极端保守的款式，则应掌握如何配饰、点缀使其免于死板之感。若是将几组套装作巧妙的搭配穿用，不仅是现代化的穿着趋势，也是符合经济原则的装扮。

② 服装的裁制手工、外形轮廓要精致，女性在选择套装时一定不要忽略面料、制作工艺。职业装的款式一般较为简洁，所以面料一定要好，制作的工艺一定要精湛，整体效果符合职业装的设计特点。

③ 职业女性生活形态非常活跃，需要经常花心思在服装的变化上。要懂得如何以巧妙的装饰来免除更衣的问题，是现代职业女性必须明了的，在出门前，最好先略作安排以作万全之计。

④ 穿着是讲求礼仪的，在适当的时间、地点及场所作合宜的装扮是现代女性不可忽视的。职业女性还必须注意，除了穿着注意应该考究以外，从头至脚的整体装扮也应讲究强调“整体美”，这是现代穿着中最流行的字眼。

思考与练习

1. 了解服装艺术创作的意义。

2. 掌握服装艺术创作的四种风格，并且能够根据其风格特点，作出相应的风格服装搭配。

第九章　中国服装美学体系

- 第一节　中国传统服装美学
- 第二节　中国历代的服装美赏析

学习目标

1. 了解中国传统服饰文化的意涵。

2. 掌握中国历代的服饰美特点。

第一节　中国传统服装美学

一、中国传统服饰的意涵

服饰作为一种文化形态，贯穿了中国古代各个时期的历史。从服饰的演变中可以看出历史的变迁、经济的发展和中国文化审美意识的嬗变。无论是商的“威严庄重”，周的“秩序井然”，战国的“清新”，汉的“凝重”，还是六朝的“清瘦”，唐的“丰满华丽”，宋的“理性美”，元的“粗壮豪放”，明的“敦厚繁丽”，清的“纤巧”，无不体现出中国古人的审美设计倾向和思想内涵。服饰是一种文化的现象，中国传统的服饰文化是中国传统文化的一个重要的组成部分。数千年中国传统服饰的文化历经了以原始社会为基础的“自然形态”时期、以阶级社会为基础的“制度形态”时期和以阶级存在社会为基础的“自由形态”时期三个发展阶段。

服饰除了满足人们物质生活的需要外，还代表着一定时期的文化，是人类文明的标志。服饰经历了“草、叶裙围”、“兽皮披”、“早期织物装”，到“布帛衣裳”以至于现代科技产品服装时代。服饰的用材、加工技术、款式与色彩色调，取决于那个时代社会生产力的发展水平，受当时的科技水平、认识能力、社会经验以及物质生活基本条件的影响。反映着人们的思想变化、宗教信仰、审美观念和生活情趣，因此服饰是特定的文化现象。

中国的服饰制度在形制、色彩、纹饰等方面有一定的规范，体现了国家礼仪传统和民俗习惯对服饰制式的统治。中国两千多年的封建社会，形成了以汉民族为传承的中华特有的服饰传统。“三礼”(《周礼》、《礼仪》、《礼记》) 记载了等级森严的服饰礼仪制度，从而形成了中国服制的一整套传统做派，具有独特意义的着装理念，中国传统服饰制度的本质，主要受中国人文哲学思想的影响而形成，深具内在的精神意涵。

二、中国传统服饰特点

中国传统服装有两种基本形制，即上衣下裳制和衣裳连属制。上衣下裳制，相传起于传说中的黄帝时代，《易・系辞下》载：“黄帝、尧、舜垂衣裳而天下治，盖取诸乾坤。”这一传说可以在甘肃出土的彩陶文化的陶绘中得到印证。这可以说是中国最早的衣裳制度的基本形式。上衣下裳的服制，据《释名・释衣服》载：“凡服上曰衣。衣，依也，人所依以避寒暑也。下曰裳。裳，障也，所以自障蔽也。”上衣的形状多为交领右衽，下裳类似围裙的形状，腰系带，下系芾。这种服制对后世影响很大。衣裳连属制，古称深衣，始创于周代。《礼记・深衣》注称：“名曰深衣者，谓连衣裳而纯之以采也。”深衣同当代的连衣裙结构类似，上衣下裳在腰处缝合为一体，领、袖、裾用其他面料或刺绣缘边。深衣这一形制，影响于后世服饰，汉代命妇以它为礼服，古代的袍衫也都采用这种衣裳连属的形式，甚至现今的连衣裙也是深衣制的沿革。

中国传统服装在历代的演变具体介绍如下。

① 夏、商、周时期的华夏服饰，是原始时代的服装形式。夏商周时期，中原华夏族的服饰是上衣下裳，束发右衽。河南安阳出土的石雕奴隶主雕像，头戴扁帽，身穿右衽交领衣，下着裙,腰束大带，扎裹腿,穿翘尖鞋。这大体反映了商代服饰的情况。周初制礼作乐，对贵族和平民阶层的冠服制度作了详细规定，统治者以严格的等级服装来显示自己的尊贵和威严。深衣和冕服始于周代，这两种服制对后世都产生了深远的影响。

② 春秋战国时期在服装方面最重要的变化，是深衣的广泛流行和胡服的出现。春秋战国时期的战争促进了汉族宽衣博带、长裙长袍服装的改革。赵武灵王为了军队的战斗力，冲破阻力，下令全国穿游牧民族的短衣长裤，学习骑射，终于使赵国强盛起来。这是中国历史上的第一次服装改革，胡服从此盛行。伴随胡服也传来了带钩，它是用于结束革带的，由于它比革带的扎结方式更加便捷，因而很快就流行了起来。胡服是指中国北方游牧民族的服装，他们为了游牧骑马的需要，多穿窄袖短衣、长裤和靴子。沈括说："中国衣冠，自北齐以来，乃全用胡服。"一个"全"字，充分说明胡服对汉族服饰的发展确实影响极其巨大。

③ 汉代深衣仍很流行，汉代是传统冠服制的确立时期，汉代深衣也很流行。汉代的裤是开裆的，裤，古称绔。《说文》："绔，胫衣也。"《释名·释衣服》："绔，跨也，两股各跨别也。"由此可见，当时的绔是开裆的，外罩以裳或深衣。后虽然出现满裆裤，但开裆裤仍长期存在。

④ 魏晋南北朝时期，是中国古代服装史上又一个大转变的时期。由于大量少数民族进入中原地区，胡服成为社会上司空见惯的装束，一般平民百姓的服装，受胡服的影响最为强烈。他们将胡服中窄袖紧身、圆领、开衩等因素吸收到原有的服饰中来。汉族贵族也在胡服的基础上加以变化，方法是将其长度加长，加大袖口和裤口，改左衽为右衽。但礼服仍然是传统的汉族礼服形式。

⑤ 隋唐时期是服装的转变时期，由于政治和经济的稳定和繁荣，使其能上承历史服饰之源头，下启后世服饰制度之经道，所以，这一时期成为中国古代服饰制度发展的重要历史时期。男子的常服为幞头、袍衫、穿长鞠靴。但此时的袍衫与前朝略有不同，式样为圆领、右衽、窄袖、领袖裾无缘边。此外，还有襕袍衫和缺胯袍衫等式样。这种袍衫主要是受胡服影响，并且与汉族的生活习惯和礼仪特点相结合，形成了这一时期袍衫的风格。唐代的女装比较开放。唐代的女装，主要由衫襦、裙、帔帛三件组成。唐初盛行窄袖衫襦和长裙，肩上披有类似长围巾的帔帛。盛唐时，还流行一种袒胸大袖衫襦，为贵族妇女的服装。其特点是不着内衣，裙腰高至乳房之上，以大带系结。大袖衫襦的对襟，以纱罗等轻薄制品为面料。所谓"绮罗纤缕见肌肤"，正是对这种服装的真实写照。这与当时的思想开放有密切关系。唐代妇女以体态丰腴为美，因而服装也渐趋宽大。

⑥ 宋代的女装趋于保守，宋代妇女的服装，除北宋曾一度流行大袖衫襦外，窄、瘦、长、奇便是这时妇女服装的主要特征。此时的衫襦式样较多，有圆领、交领、直领、对襟等，袖口窄小，下摆左右两侧有较长的开气。总的来说，宋代妇女的服装渐趋保守，这与当时的社会状况和程朱理学思想的影响不无关系。

⑦ 辽、金、元时期的服饰既沿袭汉人的礼服制度，又具有本民族的特色。辽、金、元时期的服饰有一个共同的特点，既沿袭汉唐和宋代的礼服制度，又具有本民族的特色。辽、

金男子的服饰多为圆领、袖的缺胯袍，着长筒靴或尖头靴，下穿裤，腰间束带。元代男子的服饰有汉族的圆领、交领袍，也有本民族的质孙服，其形制与深衣类似，衣袖窄瘦，下裳较短，衣长至膝下，在腰间有无数褶裥，形如现今的百褶裙，在腰部还加有横襕。领型有右衽交领、方领和盘领。下穿小口裤，脚穿络缝靴。服色以白、蓝、赭为主。此外，元代服饰在质料上发生了较大变化，由于棉花的广泛种植，棉布成为服饰材料的主要品种。

⑧ 明代的服装继承前代，清代服装对近代影响较大。明代的服饰，大体上沿袭唐制，但宋元服装形式中的某些式样也有保留。清代的服饰对近现代服装形式影响较大，清代男子服饰可分为三种：汉族传统服装、满族民族服装、外来西洋服装。清代袍的式样，是在汉族传统基础上加以变化，并吸取满族服装特点。一般袖子比较窄瘦，礼服是箭袖，又称马蹄袖。袍身用纽扣系结。右衽大襟，圆领口。皇室的袍有前后左右四开气，而士庶男子只能在左右开气。马褂是清朝特有的服装。它式样多为圆领，有对襟、大襟、琵琶襟等式样，有长袖、短袖、大袖、窄袖之分，但均为平袖口。明代的女装以淡雅朴素为尚，明代妇女的服装，基本上沿袭唐宋，但衣裙的长短各时略有不同。明初盛行窄袖衫襦、长裙、褙子，但礼服仍要穿大袖衫。中期盛行大袖长衫襦，裙则变短。明末则又盛行窄袖长衫襦，这与崇尚南妓服装有关，尤以秦淮一带妓女的装束为四方所仿效，其特点是以淡雅朴素为尚。清代满、汉女装各有特点，并且相互影响，清代满族妇女的服饰，一般是穿旗袍，外罩马甲，穿高跟在脚心的花盆底鞋。后期，满汉妇女装束相互影响，各自都有明显变化。清代妇女服装仿效中心几经变更，乾隆时以苏州为中心，嘉庆时以南京和扬州为中心，后又以上海为中心。辛亥革命后，服饰禁锢被打破，加之西洋服饰工艺的传入，妇女的服装才产生了新的变化。

古代妇女的梳妆介绍如下。

古代妇女的梳妆，包括发式、化妆和首饰三大部分。发式是人类最重要的装饰形式之一，发式与服饰的协调，能构成人物外表的整体美。中国古代发饰可分为三大类型：披发、结发、辫发。笄，即簪，早在新石器时代就已出现，从那时起，人们已开始由披发到梳理。笄的用途有二：安发、固冠。应用于古代男子和妇女的发饰中。不仅如此，笄还是古代妇女是否成年婚嫁的象征。上古三代，中国妇女的发式较为简单，饰物不多。秦汉以后，发饰日趋复杂，从此，妇女的髻式就成为重要装饰内容。历代著名的髻式有坠马髻、包髻、九鬟望仙髻、双髻、同心髻、高髻、宝髻、花髻、大拉翅等。

古代妇女的基本化妆品为眉黛、粉、胭脂和花钿。眉黛是供画眉用的，妇女画眉见于记载始于春秋战国，《楚辞，大招》中有："粉白黛黑施芳泽"之句。只是古时女子画眉多拔去真眉，以所画假眉代之。黛的颜色除用黑外，还有绿色，古称翠眉。翠眉起于先秦，兴盛于南北朝。唐代开始流行黑眉，这与杨贵妃的提倡有关，所谓"一旦新妆抛旧样，六宫争画黑烟眉"。总之，古时女子画眉崇尚人工美，这与现代妇女崇尚自然美是不同的。古代的粉，最初是用米碾为粉制成，或加之以红色，用以敷面。到夏商周时，才出现了以铅为原料的白粉和以红蓝花、苏木等原料制作的胭脂。胭脂又称燕脂、焉支、燕支。古时把胭脂制成膏汁、粉类，还涂于纸或浸于丝绵，制成胭脂纸和胭脂绵，以便涂颊或用为唇脂。花钿，又称花子、媚子，一般用金箔、纸、鱼骨、蜻蜓翅膀制成各种形状的饰物，将其帖于额间、鬓角、两颊或嘴角。《木兰辞》"对镜贴花黄"中的"花黄"，古诗"眉间翠钿深"中的"翠钿"，均指的是花钿。古时妇女的首饰包括笄、钗、步摇、梳等。此外，还在耳、手、指上分别戴有饰物，分别称珥挡、钏镯、指环，但最初这些饰物的戴法和作用与现在不同。

传统总是在对已有传统的不断突破中求得前进与发展，是在取人之长、补己之短、扬己之长中求得新生。每当一个传统形成的同时，又孕育着更新的传统来突破现在的传统，流行为其注入了新的生命力，使传统服装不断地发展变化，同时服装流行具有周期性。因此在几年、几十年乃至更为久远年代前流行过的传统服装，也许最近又开始拉开了流行的序幕，然而，这次的亮相，绝不是以前的翻版，它是以一种崭新的姿态，并注入新的流行气息，重新走向服装舞台。这也许就是流行对传统服装最深刻的影响。

第二节　中国历代的服装美赏析

一、先秦时期的服饰

先秦服装是中国服装史的奠基阶段，一些中国服饰的基本形制均在此期间逐步走向成熟，由于年代距今过于遥远，只得在一定程度上借助某些神话传说与器皿纹饰了解这一时期的服装。周代最典型的是冕服，冕服包括冕冠、上衣下裳、腰间束带，前系蔽膝，足登舄屦（见图9-1）。先秦时期典型的服饰是深衣，发展到汉代，成为曲裾袍（见图9-2）。曲裾袍是汉代男女都穿的一种流行服装。它的特点是采用较低的交领，穿的时候要故意露出里面所穿衣服的几层不同的领子。胡服是与中原人宽衣大带相异的北方少数民族服装。所谓胡人之服的主要特征是短衣、长裤、鞠靴或裹腿，衣袖偏窄，便于活动。

▲　图9-1　冕服

▲　图9-2　深衣

二、秦汉时期的服饰

秦汉服饰之丰富与精工，是前代所不及的，此间关于服饰的文字记载与形象资料也明显多于前代，为我们学习研究中国服装发展史提供了便利条件。男女衣履式样差异较小，但其首服佩饰大不相同，其中仍以上下连属的形制为主。秦汉时期，男子以袍为贵。袍服属汉族服装古制，秦始皇在位时，规定官至三品以上者，绿袍、深衣。庶人白袍，皆以绢为之。汉四百年中，一直以袍为礼服，样式以大袖为多，袖口部分收缩紧小，称之为祛，全袖称之为袂，因而宽大衣袖常夸张为“张袂成荫”。领口、袖口处绣夔纹或方格纹等，大襟斜领，衣襟开得很低，领口露出内衣，袍服下摆花饰边缘，或打一排密裥或剪成月牙弯曲之状，并根据下摆形状分成曲裾与直裾。禅衣：为仕宦平日燕居之服，与袍式略同，禅为上下连属，但无衬里，可理解为穿在袍服里面或夏日居家时穿的衬衣（见图9-3）。秦汉妇女礼服，仍承古仪，以深衣为尚。袿衣：即为女子常服，服式似深衣，但底部由衣襟曲转盘绕而形成两个尖角。襦裙：襦是一种短衣，长至腰间，穿时下身配裙，这是与深衣上下连属所不同的另一种形制，即上衣下裳。汉裙多以素绢四幅，连接拼合，上窄下宽，一般不施边缘，裙腰用绢条，两端缝有系带。

▲ 图9-3 禅衣

三、南北朝时期的服饰

魏晋南北朝时期，战争相对偏多，朝代更替频繁，各小国领土你进我退，你攻我守。国换其君，城易其主，是为常事。使得错杂迁居之中，各民族服饰风格屡屡发生变化。魏晋时期的男子一般都穿大袖翩翩的衫子，他们将胡服中窄袖紧身、圆领、开衩等因素吸收到原有的服饰中来。汉族贵族也在胡服的基础上加以变化，方法是将其长度加长，加大袖口和裤口，改左衽为右衽。这种衫子为各阶层男子所爱好，成为一时的风尚。图9-4所示为大袖宽衫及漆纱笼冠。

四、隋唐五代时期的服饰

隋唐时起，服饰制度越来越完备，加之民风奢华，因而服式、服色上都呈现出多姿多彩的局面。就男装来说，服式相对女装较为单一，但服色上却被赋予了很多讲究。在隋代及初唐时期，妇女的短襦都用小袖，下着紧身长裙，裙腰高系，一般都在腰部以上，有的甚至系在腋下，并以丝带系扎，给人一种俏丽修长的感觉。男子的常服为幞头、袍衫、穿长靿靴。但此时的袍衫与前朝略有不同，式样为圆领、右衽、窄袖、领袖裾无缘边。此外，还有襕袍衫和缺胯袍衫等式样（见图9-5）。

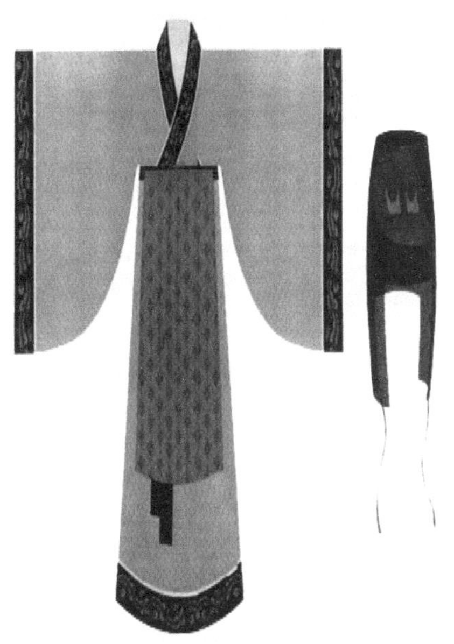

▲ 图9-4　大袖宽衫及漆纱笼冠

▲ 图9-5　隋唐时的妇女服饰

五、宋朝时期的服饰

宋代官员朝服式样基本沿袭汉唐之制，只是颈间戴方心曲领（见图9-6）。圆领大袖，施横襕，腰束革带。革带：是区别官职的重要标志之一。大带：鞓，銙，扣。铊尾鞓：大带基础，前后两条，一条有孔，两端以金银为饰一铊尾。束时下垂，另一条腰后，缀饰片、方形为主，间以圆形，其数量与质地区别官职大小。襦式样较多，有圆领、交领、直领、对襟等，袖口窄小，下摆左右两侧有较长的开气。两宋时期的男子常服以襕衫为尚（见图9-7）。所谓襕衫，即是无袖头的长衫，上为圆领或交领，下摆一横襕，以示上衣下裳之旧制。襕衫在唐代已被采用，至宋最为盛兴。其广泛程度可为仕者燕居、告老还乡或低级吏人服用。一般常用细布，颜色用白，腰间束带。也有不施横襕者，谓之直身或直缀，居家时穿用取其舒适轻便。

▲ 图9-6 宋朝朝服

▲ 图9-7 襕衫

六、辽金元时期的服饰

辽、金、元时期的服饰有一个共同的特点，既沿袭汉唐和宋代的礼服制度，又具有本民族的特色。辽、金男子的服饰多为圆领、袖的缺胯袍，着长筒靴或尖头靴，下穿裤，腰间束带。元代男子的服饰有汉族的圆领、交领袍，也有本民族的质孙服，其形制与深衣类似，衣袖窄瘦，下裳较短，衣长至膝下，在腰间有无数褶裥，形如现今的百褶裙，在腰部还加有横襕。领型有右衽交领、方领和盘领。下穿小口裤，脚穿络缝靴。服色以白、蓝、赭为主。以长袍为主，男女皆然，上下同制。服装特征，一般都是左衽、圆领、窄袖。袍上有疙瘩式纽襻，袍带于胸前系结，然后下垂至膝。长袍的颜色比较灰暗，有灰绿、灰蓝、赭黄、黑绿等几种，纹样也比较朴素。贵族阶层的长袍，大多比较精致，通体平锈花纹。图9-8和图9-9所示为圆领袍。

七、明朝时期的服饰

明代为上襦下裙的服装形式，上襦为交领、长袖短衣。崇祯初年，裙子多为素白，刺绣纹样，在裙幅下边一两寸部位缀以一条花边，作为压脚。裙幅初为六幅，后用八幅，腰间有很多细褶。明初盛行窄袖衫襦、长裙、褙子，但礼服仍要穿大袖衫。中期盛行大袖长衫襦，裙则变短。明末则又盛行窄袖长衫襦，这与崇尚南妓服装有关，尤以秦淮一带妓女的装束为四方所仿效，其特点是以淡雅朴素为尚。明末，裙子的装饰日益考究，裙幅也增至十幅，腰间的褶裥越来越密，每褶都有一种颜色。腰带上往往挂上一根以丝带编成的“宫绦”，一般在中间打几个环结，然后下垂至地。明代妇女的服装，基本上沿袭唐宋，但衣裙的长短各时略有不同（见图9-10、图9-11）。

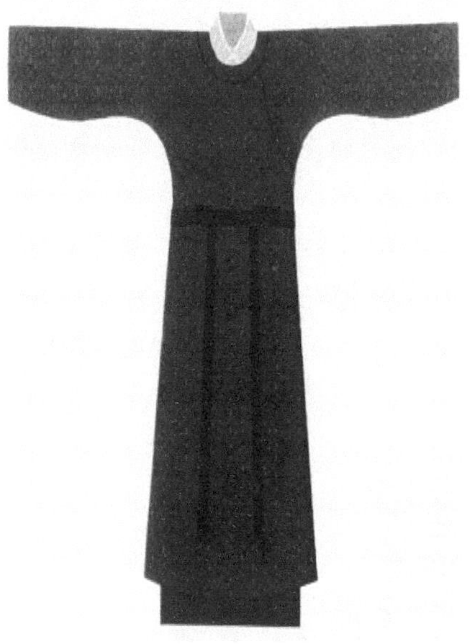

▲ 图9-8　辽代服饰

▲ 图9-9　金代贵族服饰

▲ 图9-10　明代男子便服锦袍

▲ 图9-11　明代襦裙

八、清朝时期的服饰

清代汉族妇女仍沿用明朝服装形制，以衫裙为主。乾隆年间以上身着镶有花边的袄、衫为主，式样比较宽大，长度一般在膝下。嘉庆以后，镶有花边的衣衫趋于窄小，长度也明显缩短。长袄的特点是在领低及袖口镶有宽花边为装饰，并且不同时期袖子流行的宽窄也不一样，时而流行宽，时而流行窄。图9-12所示为镶边长背心。

清朝斗篷，为无袖、不开衩的长外衣，有长短两式，领有抽口领、高领和低领三种，明清时期，冬季外出，不论男女官庶，都喜欢披裹，但有个规矩，即不能穿着斗篷行礼。图

9-13所示为缎地盘金龙斗篷（实物）及穿斗篷的妇女。

清代宫廷服饰为圆领、右衽、捻襟、直身、平袖、无开气，有五粒纽扣的长衣，袖子形式有舒袖（袖长至腕）、半宽袖（短宽袖口加接两层袖头）两类，袖口内再加袖头。以绒绣、纳纱、平金、织花为多。周身加边饰，晚清时的边饰越来越多。图9-14所示为晚清凤凰牡丹金寿字纹刺绣衬衣。

汉族妇女服饰仍沿用明朝服装形制，以衫裙为主。乾隆年间以上身着镶有花边的袄、衫为主，式样比较宽大，长度一般在膝下。嘉庆以后，镶有花边的衣衫趋于窄小，长度也明显缩短。有的再加一件较长的背心。下身除穿裙外，也有穿裤子的。长袄的特点是在领低及袖口镶有宽花边为装饰，并且不同时期袖子流行的宽窄也不一样，时而流行宽，时而流行窄（见图9-15）。

▲ 图9-12 清朝镶边长背心

▲ 图9-13 清朝斗篷

▲ 图9-14 晚清刺绣衬衣

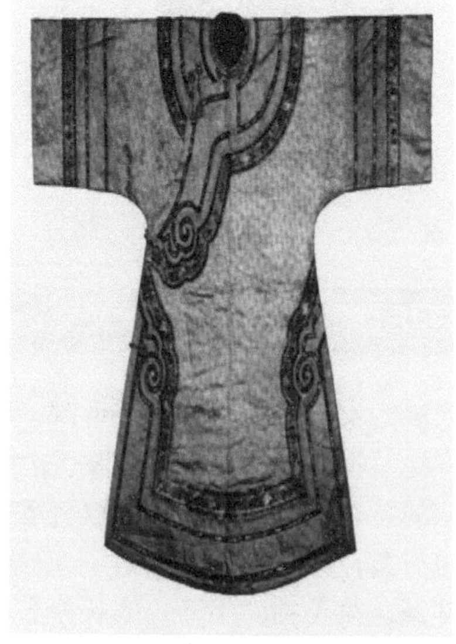

▲ 图9-15 清代镶边短袄

思考与练习

1. 了解中国传统服饰及形式美学。
2. 掌握中国历代服饰的款式特点，并能系统地进行论述。

附录　世界著名服装设计师简介及作品赏析

另类设计师——川久保玲

川久保玲1942年出生在东京，1969年成立自己的品牌，法文意思是“像个男孩”。1975年在东京召开首次女装发表会。1978年再推出男装HOMME。1981年巴黎的女装发表会引起世界流行舞台的重视，隔年更以有名的乞丐装概念引领当代的流行先锋。美国时尚界给予川久保玲“流行先锋”的称号，赞美她不仅在服装设计上开创新意，而且在经营品牌旗舰店上眼光独具（见附图1、附图2）。

川久保玲的设计十分前卫，融合东西方的概念，被服装界誉为“另类设计师”。她的设计独立、自我主张。她将日本典雅沉静的传统、立体几何模式、不对称重叠式创新剪裁，加上利落的线条与沉郁的色调，与创意结合，呈现出意识形态的美感。川久保玲在东京的本土上做出的又绝不是纯民族的东西。她的意识已经远远超过了当时堪称前卫的美国，以及朋克的发源地英国。她的看似古怪的思想，实际上是非常深刻的。深得无底，所以才会在20年后大放异彩，让更年轻的一代时装设计师们崇拜，去解构，去寻求自信。她是时装界确实的创造者——一位具有真实的原创观念的时装设计师，凭借她最重要的观念——黑色，在最近的几十年席卷全球。她的第一个时装发布会，打破了时装表演的一贯模式；她用一曲狩猎哀歌取代流行音乐，用古怪的化妆和不整洁的头发，将模特丑化。随之而来的是各种各样稀奇古怪的服装观念，她和别的设计师都不一样。由于她没有受过正规学院式绘画和裁剪的专业训练，所以设计师和传统之间无所束缚。她让我们发现了许多遮盖在高级时装流行外衣之外的东西，是一位非常另类的设计师。

▲　附图1　川久保玲的服装作品（一）

▲　附图2　川久保玲的服装作品（二）

时装女皇——香奈儿（Chanel）

香奈儿于1883年生于法国中南部，她的童年非常不幸。20岁时，和丈夫开设了一家女帽店，自己设计制作女帽。后来在巴黎建立了一家著名的时装沙龙，这就是位于巴黎康堡街31号的、至今仍存在的香奈儿时装中心。1914年，香奈儿用男人的套头衫和水手装，设计出女性水兵服的套头上衣，从此，她开始为顾客制作香奈儿风格的上衣及套头衫。1920年，香奈儿以她简洁、线条流畅、实用性强等特征的设计，在巴黎时装展中大放光彩。著名的Chanel NO.5香水在1922年问世，她相信5是她的幸运数字，果然，这种香水一经推出就受到世界的瞩目。香奈儿超越生命极限的设计和崇尚自由随意搭配的风格，把女性从笨拙的体形扭曲的束缚中解放出来，她强调优雅简洁而方便的服装，成为现代女性衣着的革命先锋。

香奈儿喜欢说："永远做减法，从来不做加法。"她解放了服装设计，去掉了服装设计中虚伪的装饰和束缚，同时让服装越来越实际，越来越开放。无论是香奈儿本人过去的设计还是现在卡尔·拉格菲尔（Karl Lagerfeld）的设计，都真实地展示了一种与时俱进的震感。香奈儿设计活泼、醒目、自然时尚。正像香奈儿曾经说过的："其他女装设计师追求某种新潮，而我在创造某种风格。"香奈儿风格的本质即自然。香奈儿的自然风格使得服装设计更加高雅。新潮不过是颜色和姿势的组合，追求一种优越感和拔高的效果（见附图3、附图4）。

▲ 附图3 夏奈儿的作品（一）

▲ 附图4 夏奈儿的作品（二）

法国名师——克利斯汀·拉夸（Christian Lacroix）

克利斯汀·拉夸，1951年出生于法国南部边城。1972年，21岁的他到巴黎一边学艺术史，一边学服装画。毕业后进入博物馆工作，偶然经朋友介绍，进入名牌Hcrmes公司从事饰品设计，走上设计师道路。欣赏法国服装设计大师克利斯汀·拉夸的作品如同欣赏一场假面舞会。他的作品华贵典雅、千娇百媚，既有东方女性的神秘莫测，又有伦敦女性的古板怪异，还有法国女性的浪漫随和。1982年，克利斯汀·拉夸第一次发表服装秀，立刻为时装界带来一股清新之风。

1999年，巴黎时装周上，拉夸设计的火焰系列——气势磅礴的晚礼服、18世纪风格的短上衣、绢网芭蕾短裙……给这次时装秀带来了一抹明亮缤纷的色彩。法国查特酒式的黄绿色、鲜亮的粉红色、清新亮丽的柠檬黄、火焰般的朱红色……鲜艳清晰，活泼生动大胆。拉夸此次的时装展引起了观众强烈的共鸣和大声喝彩，粉红的康乃馨雪花般飞向设计师。克利斯汀·拉夸说："时装是一种艺术，而成衣才是一种产业；时装是一种文化概念，而成衣是一种商业范畴；时装的意义在于刻画观念和意境，成衣则着重销售利润。然而，时装设计的最高境界在于如何使艺术实用化，使概念具体化。人人都会用珍珠、貂皮点缀衣裙，但设计一件外表朴素、自然合身又不影响行动的连衣裙却是考验大师的难题。因为既要让公众接受，又要体现鲜明的个性，还要融合科学原理，再加上设计师的构思，展示才能和绝技的细节，谁能把这一切以最简单的形式完成，谁才是真正的天才。"他生活在现实和幻想之间，却又无时不在试图以时装的方式描绘心灵深处的梦境……他的这种带着困惑的追求反映了时装的真谛：既是展示对明天的憧憬，又是表现对过去的追忆（见附图5、附图6）。

▲ 附图5 克利斯汀·拉夸的作品（一）

▲ 附图6 克利斯汀·拉夸的作品（二）

充满摇滚与颓废气质的设计师——安娜·苏（Anna Sui）

安娜·苏1955年生于底特律，20世纪70年代到纽约的帕森斯设计学院深造。毕业两年之后做过一些运动服装设计。拥有中国与美国血统、身为第三代华裔移民的安娜·苏最擅长于从大杂烩般的艺术形态中寻找灵感：斯堪的那维亚的装饰品、布鲁姆伯瑞部落装和高中预科生的校服都成为她灵感的源泉。她所有的设计均有明显的共性：摇滚乐派的古怪与颓废气质。这使她成为模特与音乐家的最爱。1991年，她举办了第一个时装发布会。1992年，在纽约SOHO地区的113条格林街道开了自己的时装用品商店，商店反映出清楚的特色：组合跳蚤市场家具和异想天开的玩具娃娃摆在紫色墙和红夹层的房间里。1993年，她的小时装店顿时门庭若市，吸引了许多模特与年轻的时尚一族。从那时起，安娜·苏继续采用她的专利——那种不辨纪元与流派的折衷主义。

1996年，秋冬时装发布会上，她的一款设计灵感来自于大导演肯·罗赛尔（Ken Russell）1920年的一部片子，天鹅绒、斜纹软呢的搭配，点缀亮金属片，羽毛帽子和珠串手袋。1997年，安娜·苏展示了她服装以外的其他产品：在威尼斯、意大利、巴林生产的鞋、天鹅绒、丝绸、专利皮革、蛇和蜥蜴皮，及小山羊皮包。这一年，安娜·苏启动了她的芳香美容生产线。签署了批准德国的公司经营Wella的协议。Wella与日本化妆品制造者阿尔比恩一起分享安娜的“美丽”生意，并举行了颜色化妆品和皮肤护理许可证协议的签订。在协议下,Wella Sui香水制造商和销售商将其产品介绍给了日本。1999年，秋冬时装发布会上，回顾了1965年乡村民谣的风潮。模特们后背背着吉他，身穿印有黑白交织的格子或连环图案的衣服、阿富汗编织衫和Marimekko风格的套装，充分体现了安娜·苏是一位充满摇滚与颓废气质的设计师（见附图7、附图8）。

▲　附图7　安娜·苏的作品（一）

▲　附图8　安娜·苏的作品（二）

超级名牌的创造者——路易·威登（Louis Vuitton）

路易·威登创立于1854年，路易·威登革命性地创制了平顶皮衣箱，创造了LV图案的第一代，从此以后，它一直是LV皮件的象征符号，至今历久不衰。从早期的LV产品到如今每年巴黎T台上不断变幻的衣装秀，路易·威登一直长久地屹立于国际精品行业翘楚的地位。路易·威登高度尊重和珍视自己的品牌，品牌不仅以其创始人路易·威登的名字命名，也继承了他追求品质、精益求精的态度。从路易·威登的第二代传人乔治·威登开始，其后继者都不断地为品牌增加新的内涵。第二代为品牌添加了国际视野和触觉。第三代卡斯顿·威登又为品牌带来了热爱艺术、注重创意和创新的特色。至今，已有六代路易·威登家族的后人为品牌工作过。同时，不仅是家族的后人，连每一位进入到这个家族企业的设计师和其他工作人员也都必须了解路易·威登的历史，真正地从中领悟它特有的“DNA”，并且，在工作和品牌运作中将这种独特的文化发扬光大，延伸出来的皮件、丝巾、手表、甚至服装，都是以Louis Vuitton 150年来崇尚精致、品质、舒适的旅行哲学作为设计的出发点。从设计最初到现在，印有“LV”标志这一独特图案的交织字母帆布包，伴随着丰富的传奇色彩和典雅的设计而成为时尚之经典。这些年来，世界经历了很多变化，人们的追求和审美观念也随之而改变，但路易·威登不但声誉卓然，而今更保持着无与伦比的魅力（见附图9、附图10）。

▲ 附图9 路易·威登品牌作品（一）

▲ 附图10 路易·威登品牌作品（二）

时装界的帝王——依芙·圣罗兰（Yves Saint Laurent）

依芙·圣罗兰，1936年出生于北非的阿尔及利亚。因其母亲经营服装店，于是对服装有着浓厚的兴趣。从小就对服装与搭配有着自己独特的见解。

19岁时，圣罗兰被迪奥公司聘为设计师，在当时迪奥公司的出品时装中，有1/3是圣罗兰设计的。1957年，迪奥逝世，圣罗兰被该公司选任为领导人。圣罗兰根据迪奥的理念，利用A型线条设计出装饰有蝴蝶结的及膝时装，因此一炮而红，被誉为克力斯汀·迪奥二世。圣罗兰，这位“一致公认的世界上最伟大的服装设计师”，是女性衣裙的化身，他以其敏锐的目光和才华，打破了男女服饰的严格界限。他的毕生努力使时装界发生了一场革命性的变化，特别是他把追求美的权利还给了女性。圣罗兰先生是“20世纪时装界的一个传奇形象”，他以叛逆与创造精神，挑战了整整一个时代。

1962年，圣罗兰举行了自己创业后的第一次发布会，获得成功。巴黎报纸将其誉为与纪梵希、巴兰夏加齐名的设计师。圣罗兰是位重视品质的设计师，因此只要产品打上YSL字样，都是品质的保证与象征。圣罗兰说：“创造美丽是我的生命。”他的作品设计独特，代表流行，他是时装界一颗闪亮的巨星，被誉为“时装帝王”（见附图11、附图12）。

▲　附图11　依芙·圣罗兰品牌作品（一）

▲　附图12　依芙·圣罗兰品牌作品（二）

设计充满戏剧性及狂野魅力的新秀——亚历山大·麦克奎恩（Alexander MacQueen）

亚历山大·麦克奎恩1969年生于英国。1991年进入圣·马丁艺术设计学院。获艺术系硕士学位。1993年起相继在英国、日本、意大利等国的服装公司工作。他的个性反叛，不屑中产阶级的矫情造作,所以他的衣衫总是在尊贵中隐现堕落气质。1992年，自创品牌。1993年，在伦敦成立了自己的设计工作室。在伦敦的一次时装展中被“Vogue”的著名时装记者Isabella Blow采访报道，使他从此走上国际舞台。1996年，为法国著名的“纪梵希”（Givenchy）设计室设计成衣系列。1997年，取代约翰·加里亚诺担任Givenchy这个法国顶尖品牌的首席设计师。1998年，他设计的“纪梵希99春/秋时装展”在巴黎时装周上获得一致好评。他在1998年里为影片《泰坦尼克号》的女主角扮演者设计了她出席奥斯卡颁奖晚会的晚装。他在法国巴黎举行了一场别开生面的时装展示会，以大胆的戏剧性的设想轰动了世界服装设计界。展示会上出现的景象像是打开了潘多拉魔盒，各种动物图案、裁剪讲究的和服、全息技术制造的丝绸表演等，让人耳目一新。展示会上还展示了各种华丽的服饰，如带有金色丝绸翻领的黑色条纹女装和用鹳毛制作的淡黄色丝绸长袍等。连续两次获得英国时尚奖（British Fashion Awards）最佳设计师奖（见附图13、附图14）。

▲ 附图13 亚历山大·麦克奎恩的作品（一）

▲ 附图14 亚历山大·麦克奎恩的作品（二）

纽约第七大道的王子——卡文·克莱（Calvin Klein）

卡文·克莱于1942年出生于美国纽约。1959～1962年，就读于著名的美国纽约时装学院（F.I.T）；1962～1964年，担任丹·米尔斯坦（Dan Millstein）助理设计师；1964～1968年，为自由设计师。卡文·克莱是一个全方位的设计师，不论是正牌、副牌或任何一个产品路线，他都有完整的企划想法。现在，他旗下一共有三个主要的服装路线，而配件则依服装表现来搭配设计。它素有“纽约第七大道的王子”的封号。1968年，与人合作创办Calvin Klein“卡文·克莱”公司。1991年，公司进行重组，事业扶摇直上，连续四度获得服装奖项的肯定寇蒂奖，旗下的副牌及相关产品，更是一个接一个地推出，也难怪会有人以四处林立的麦当劳，来形容随处可见Calvin Klein的疯狂情况。1997年，Calvin Klein将他在服饰领域取得的成就与辉煌续写进了手表制造业。在著名的Swatch集团合作下，CK Watch Coltd宣告成立；年轻、时尚而极具个性色彩的CK表得以问世，他曾经连续四度获得知名的服装奖项（见附图15、附图16）。

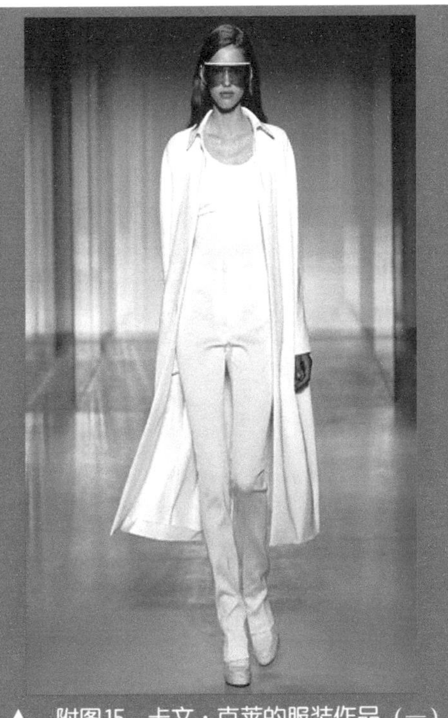

▲　附图15　卡文·克莱的服装作品（一）

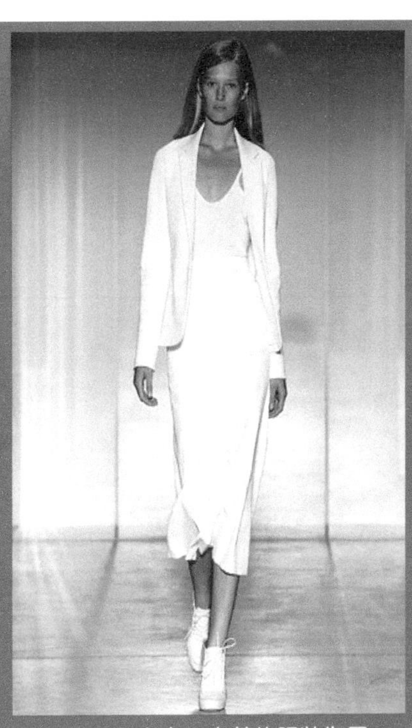

▲　附图16　卡文·克莱的服装作品（二）

具有大众亲和力的品牌设计师——唐娜·卡伦（Donna Karan）

唐娜·卡伦，1948年出生于美国纽约。1956年，到纽约帕森斯服装设计学院研修设计。1967年，任安克莱恩（ANNKLEIM）公司助理设计师 。唐娜·卡伦与卡文·克莱、拉尔夫·劳伦并称为美国三大设计师。她创立了以自己名字命名的高级女装品牌，而她的二线品牌DKNY可称为世纪末最受青年一代喜爱的朝阳品牌，其声名甚至超过了她的正牌。她总是以率真的心态面对人生，她的设计总是源于自然，她的品牌特别具有大众亲和力。

1974年3月，安克莱恩女士去世，公司董事会决定把品牌继续经营下去，这时的唐娜·卡伦以指定继承者的身份当仁不让地接过总设计师的担子。当时她年仅26岁，但却有12年在服装界独立闯荡的经验和坚韧的决心。经过唐娜·卡伦不眠不休的全力投入，当她首次个人发布会的音乐响起时，她禁不住在幕后为已来临和将要来临的一切而感慨万千，以致掩面哭泣，整个发布会进行了40分钟，她清楚地知道，她会一鸣惊人。

1985年，唐娜·卡伦与雕塑家的丈夫斯蒂一起创立了“DONNA KARAN NEW YORK”（DKNY）这个品牌。1988年，创立了“DKNY JEANS”牛仔装品牌。1991年，创立了男装品牌“DKNY MEN”、创立了童装品牌“DKNY KIDS”。1992年，推出了化妆品，香水。1996年，唐娜·卡伦股票在纽约上市。1977年，获美国柯蒂（COTY）时装评论奖，1981年，连获美国柯蒂（COTY）时装评论奖，1984年，再获美国柯蒂（COTY）时装评论奖。1985年，获美国时装设计师协会奖，第四次获得美国柯蒂（COTY）时装评论奖。1988年，获美国时装设计师协会奖。1990年，成为年度最佳设计师。1992年，获全羊毛标志奖并第四次获得美国时装设计师协会奖。1996年，再次成为年度最佳设计师（见附图17、附图18）。

▲ 附图17 唐娜·卡伦的服装作品（一）

▲ 附图18 唐娜·卡伦的服装作品（二）

在市场与优雅间创造完美平衡——乔治·阿玛尼（Giorgio Armani）

乔治·阿玛尼，1934年出生于意大利皮亚琴察。1952～1953年，学习医药及摄影专业。1954～1960年，任LaRinascente百货店的橱窗设计师及打样师。1960～1970年，任Nino Cerruti的男装设计师。1970～1974年，为自由设计师。乔治·阿玛尼撑旗的系列品牌风格明显，经营成功，具有世界性的名望和影响。这个以设计师的名字最先注册的品牌，现已是在美国销量最大的欧洲品牌。1974年，当乔治·阿玛尼的第一个男装时装发布会完成之后，人们称他是“夹克衫之王”。1984年，创立低价位品牌安波罗·阿玛尼。现在，阿玛尼的时装帝国包括13个服装系列，有从便装A/X阿玛尼到专门的高尔夫系列、牛仔装、阿玛尼内衣、饰品和香水等（见附图19、附图20）。

▲　附图19　乔治·阿玛尼的服装作品（一）

▲　附图20　乔治·阿玛尼的服装作品（二）

平凡中有伟大创意的设计师——约翰·加利亚诺（John Galliano）

约翰·加利亚诺，1960年出生于直布罗陀，父亲是英国和意大利的后裔，母亲为西班牙人。1966年，6岁时举家迁居伦敦。1984年6月，毕业于著名的圣·马丁艺术学院。1985年，打出了自己的牌子。在每季度的时装展示会上，他都有新作问世。1990年,约翰应巴黎的设计师之邀，加盟花都时装界。开始几年，他掩饰锋芒，很少公开露面，以谦逊的态度和平静的心情反复观看巴黎名师的作品大展及其新形象。1994年10月，经过数年卧薪尝胆，他隆重推出了“95春季时装系列”，整整三周的超典雅作品展示，犹如于无声处一声惊雷，轰动异常。1995年。他应邀出任纪梵希（Givenchy）的总设计师。终于到达了时装界的顶峰。1996年10月，他又被迪奥公司委以重任——创造未来Dior女性新形象。1988年被评选为本年度最佳设计师。舆论界普遍认为约翰·加利亚诺的创作水平已超过了当今一些名家，彬彬有礼、谦虚克己、博学多识是加利亚诺成为顶尖设计师的重要因素，传统的英国式教育又使他对时装的历史、演化都有深刻认识（见附图21、附图22）。

▲ 附图21 约翰·加利亚诺的服装作品（一）

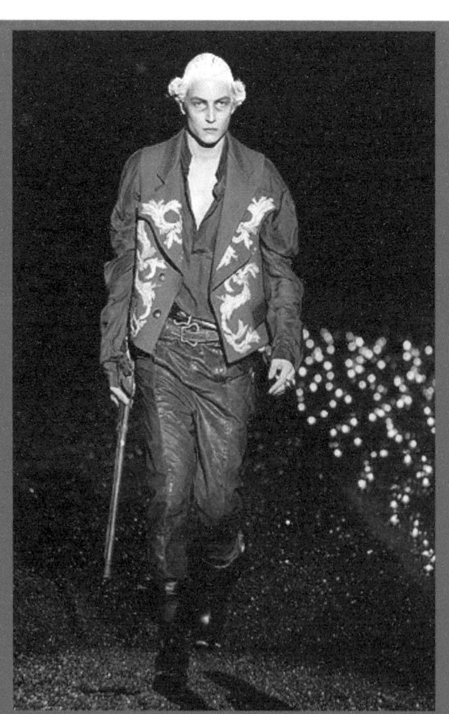

▲ 附图22 约翰·加利亚诺的服装作品（二）

世界时装界的凯撒大帝——卡尔·拉格菲尔德（Karl Lagerfeld）

卡尔·拉格菲尔德是举世公认最具领导潮流能力的设计师之一，他具有源源不断的新创意，每一季都会推出精彩绝伦的新作。你永远无法猜到卡尔·拉格菲尔德下季将推出什么风格，因此你也无法用任何一种风格将卡尔·拉格菲尔德作以概括。卡尔·拉格菲尔德1938年出生于德国汉堡一富商家庭。1952年，14岁时全家移居巴黎。1954年，16岁初出茅庐获得国际羊毛局设计竞赛外衣组冠军，并由此跨入时装艺术生涯。1955年，成为巴黎时装大师巴尔曼（Pierre Balmain）的设计助手。1958年，在让·帕图（Jean Patou）的时装公司工作。在芬迪公司工作的十几年里，卡尔·拉格菲尔德创作出了大量高雅、新颖、大胆、极端女性化的精美时装。他被誉为芬迪的改革者。而他与克洛耶的合作是名师与名牌珠联璧合的典型。1973年，刚满35岁的卡尔·拉格菲尔德已被公认为巴黎时装界的中坚人物。1983年,卡尔·拉格菲尔德的时装生涯跨上了新的台阶,他接受了盛情邀请,担任巴黎著名的香奈儿公司的首席设计师。香奈儿是20世纪杰出的时装大师，她开创的简单、朴素、优雅、活泼的现代女装，将巴黎女性从烦琐华丽的拖裾长裙和珠光宝气的首饰中彻底解脱出来。卡尔·拉格菲尔德在新的挑战面前头脑清醒，在保持香奈儿简朴优雅风格的前提下增添活泼趣味，使之变得更加年轻、现代和成熟。他将原来的黑色、米色等无彩色系转变为艳丽色调，并缩短裙长以露出膝盖。他在貌似原汁原味的同时带入自己的风格，使人耳目一新，如1991年的香奈儿式品牌新作是传统外套配迷你牛仔裙，缀以闪亮的香奈儿式纽扣与链饰，颇合年轻人的口味。使香奈儿套装一下由20世纪20年代的风格跨入20世纪80～90年代。事实证明卡尔·拉格菲尔德不愧为香奈儿最合格的接班人。1984年，拉格菲尔德建立了自己的品牌——卡尔·拉格菲尔德（Karl Lagerfeld）。他艺高胆大，同时为三个品牌设计，称得上是巴黎界的一个奇迹。1994年，卡尔·拉格菲尔德在巴黎推出了春夏女装，他的克洛耶女装抒情浪漫，洋溢着新古典气息，面料柔软，有紧贴着肌肤的裁剪，色彩为金褐、烟灰、灰褐、鼠灰、褪旧玫瑰红等朦胧色。模特的弯曲发型复古加漂染，被观察家誉为20世纪90年代成熟女性的着装典范（见附图23、附图24）。

▲ 附图23　卡尔·拉格菲尔德的服装作品（一）

▲ 附图24　卡尔·拉格菲尔德的服装作品（二）

参 考 文 献

［1］叶立诚. 服饰美学. 北京：中国纺织出版社，2001.

［2］华梅. 服装美学. 第2版. 北京：中国纺织出版社，2008.

［3］苗莉，王文革. 服装心理学. 北京：中国纺织出版社，2005.

［4］吴卫刚. 服装美学. 第4版. 北京：中国纺织出版社，2013.

［5］徐宏力，关志坤. 服装美学. 北京:中国纺织出版社，2007.

［6］李当崎. 西洋服装史. 北京:高等教育出版社，2005.

［7］华梅. 中国服装史. 北京:中国纺织出版社，2007.

［8］王蕴强. 服装色彩学. 北京:中国纺织出版社，2006.

［9］袁仄. 服装设计学. 北京:中国纺织出版社，2006.

［10］邹游，张翎. 服装色彩搭配指南. 北京:中国纺织出版社，2000.

［11］［日］荻村昭典著. 服装社会学概论. ［日］宫本朱译. 北京:中国纺织出版社，2000.

［12］王朝闻. 美学概论. 北京:人民出版社，1987.

［13］朱狄. 当代西方美学. 北京：人民出版社，1984.